CONSEILS AUX ENFANTS

SUR LEUR CONDUITE ENVERS LES ANIMAUX

SERVICES QUE CEUX-CI NOUS RENDENT

SOINS DONT NOUS DEVONS LES ENTOURER

Suivis d'une lettre à MM. les Instituteurs

Sur le moyen de procurer à leurs élèves, aisément et sans frais, au grand profit de l'agriculture, une couleur infiniment nuancée, propre à l'aquarelle, plus riche et plus solide que la plupart des couleurs usitées aujourd'hui dans cet art

PAR

le docteur A. CHEVREUSE

Médecin de l'hospice et du bureau des indigents de Charmes
Président de la Délégation cantonale
Membre et lauréat de la Société d'Émulation des Vosges
Et de la Société d'acclimatation de l'Est
Lauréat de l'Académie de médecine, de la Société protectrice des animaux
Et de la Société française de secours aux blessés militaires.

> Les animaux sont nos frères inférieurs.
> SAINT VINCENT DE PAUL.

> L'enfance est sans pitié pour les animaux.
> LAFONTAINE.

ÉPINAL
CHEZ V. COLLOT, IMPRIMEUR.

CONSEILS AUX ENFANTS

SUR LEUR CONDUITE ENVERS LES ANIMAUX

SERVICES QUE CEUX-CI NOUS RENDENT

SOINS DONT NOUS DEVONS LES ENTOURER

Suivis d'une lettre à MM. les Instituteurs

Sur le moyen de procurer à leurs élèves, aisément et sans frais, au grand profit de l'agriculture, une couleur infiniment nuancée, propre à l'aquarelle, plus riche et plus solide que la plupart des couleurs usitées aujourd'hui dans cet art

PAR

le docteur A. CHEVREUSE

Médecin de l'hospice et du bureau des indigents de Charmes
Président de la Délégation cantonale
Membre et lauréat de la Société d'Émulation des Vosges
Et de la Société d'acclimatation de l'Est
Lauréat de l'Académie de médecine, de la Société protectrice des animaux
Et de la Société française de secours aux blessés militaires.

Les animaux sont nos frères inférieurs.
SAINT VINCENT DE PAUL.

L'enfance est sans pitié pour les animaux.
LAFONTAINE.

ÉPINAL
CHEZ V. COLLOT, IMPRIMEUR.

PRÉFACE

—

L'idée de ce petit poème avec ses annotations m'a été inspirée par l'évènement suivant : Je rencontrai un jour, par une chaleur accablante, sur la route de Socourt à Charmes, un chien comme affolé, qui se sauvait de toute la vitesse de ses jambes, entraînant un vieux chaudron que des enfants, sans doute, lui avaient attaché à la queue.

J'allai droit au pauvre animal en l'appelant des noms les plus doux, de ma voix la plus caressante; mais il ne fit que redoubler de vitesse à l'approche de celui qui n'aspirait qu'à devenir son Androclès (1).

Que pouvait-il advenir de ce mauvais tour ? Il pouvait arriver que, sous l'empire de l'effroi, ce chien contractât et transmît la rage, qui est la plus terrible des maladies.

Certes, un pareil résultat n'était pas entré dans les prévisions de nos jeunes étourdis.

J'ai été témoin si souvent, dans le cours de mes excursions médicales, des sévices exercés par les enfants envers les animaux, que j'ai cru bien faire de leur donner quelques conseils. Ils en profiteront, je l'espère, plutôt dans leur intérêt propre que dans celui des pauvres bêtes dont je plaide la cause, et dont je serais heureux de prévenir et d'atténuer les souffrances.

Les enfants ne sont pas seulement imprévoyants,

---

(1) Androclès était un esclave qu'on livra aux bêtes dans le cirque de Rome, vers le 10e siècle.

Il fut reconnu et épargné par un lion auquel il avait enlevé une épine à la patte, alors que ce roi des animaux errait en pleine liberté.

ils sont encore sans pitié pour les animaux qu'ils s'acharnent à tourmenter avec un véritable plaisir.

Pourtant, chacun d'eux a sa raison d'être dans l'harmonie de la création, et si cette raison nous échappe quelquefois, elle n'en existe pas moins, comme tendent à le prouver les découvertes de la science.

Parcourez nos villages, la veille des jours de fête, et vous verrez, non-seulement des enfants, mais aussi des hommes mûrs, entassés dans les granges converties en tueries de vaches et de moutons.

Le cri d'un porc que l'on égorge se fait-il entendre? vite on voit accourir les enfants et les désœuvrés.

« C'est passe-temps aux mères, a dit Montaigne, de voir un enfant tordre le cou à un poulet et s'ébattre à blesser un chien ou un chat. Ce sont pourtant les vraies semences et racines de la cruauté. Elles se germent là et s'élèvent assez gaillardement. »

Comment s'étonner de pareils faits! Ne voit-on pas, au sein des plus grandes cités, la foule se presser sur la place des exécutions criminelles, stationnant toute une nuit froide et pluvieuse autour de l'échafaud, afin de repaître ses yeux du plus émouvant de tous les spectacles?

Si la sensibilité du cœur est la source des meilleurs sentiments de l'homme, ménageons-la et ne la laissons pas s'éteindre sous des impressions vives et trop fréquentes.

Ménageons-la dans l'âme des enfants surtout, afin qu'ils s'habituent à être bons et charitables envers leurs frères que la fortune a traités en marâtre, afin qu'ils soient respectueux et reconnaissants envers leurs parents et envers leurs maîtres. Ménageons-la enfin pour que la lèpre hideuse de l'égoïsme ne se substitue pas à tous les sentiments nobles et généreux qui sont comme les assises des sociétés humaines :

Non sibi, sed toti genitum se credere mundo.

Ce vers, écrit il y a vingt siècles à l'éloge de Caton (1) par le poète Lucain, signifie que l'homme ne doit pas se croire créé pour lui seul, mais pour la grande famille sociale dans laquelle il est né, dans laquelle il vit, et pour laquelle il lui faut travailler.

----

(1) Caton, nom commun à un grand nombre de Romains qui parvinrent aux plus hautes charges de l'État. Je pense que Lucain a voulu parler ici de Caton d'Utique, petit neveu de Caton le Censeur, mort en l'an 43 avant J.-C. Il avait adopté pour règle de sa conduite l'abnégation de soi-même, une extrême simplicité, et un dévouement absolu à sa patrie.

CONSEILS AUX ENFANTS

SUR LEUR CONDUITE ENVERS LES ANIMAUX

Services que ceux-ci nous rendent

SOINS DONT NOUS DEVONS LES ENTOURER

Suivis d'une Lettre à MM. les Instituteurs

Sur le moyen de procurer à leurs élèves, aisément et sans frais, au grand profit de l'agriculture, une couleur infiniment nuancée, propre à l'aquarelle, plus riche et plus solide que la plupart des couleur usitées aujourd'hui dans cet art.

—⟡—

Enfants, soyez toujours bons pour les bêtes,
Epargnez-leur d'inutiles douleurs ;
Et, dans vos jeux, au milieu de vos fêtes,
Ne vous montrez jamais de mauvais cœurs.
Quand, sous vos yeux, un méchant camarade
Voudra frapper d'innocents animaux,
Ecartez d'eux le fouet, la bastonnade,
Compatissez, mes amis, à leurs maux (A).

L'œil qui voit tout, l'œil de la Providence,
Veille sur vous la nuit comme le jour,
Et vous trouvez dans cette vigilance
Le trait frappant du plus sublime amour.
Mais la bonté n'exclut pas la justice
Qui manquerait à la perfection ;
Celui qui hait la cruauté, le vice,
Étend sur eux sa malédiction.

Les animaux créés pour notre usage (B)
Sont la plupart d'excellents serviteurs ;
N'aggravons pas leur pénible esclavage
Par des excès de brutales rigueurs.
S'il faut parfois que nous soyons sévères,
Abstenons-nous de frapper durement ;
N'oubliez-point que de vos tendres mères
Le bras, enfants, vous punit doucement.

N'imitons pas ce rustre impitoyable
Cinglant les flancs de ses maigres chevaux
Qui, surchargés d'un poids déraisonnable, (C)
Sont impuissants à traîner leurs fardeaux
Dieu n'a-t-il pas limité toute force ?
La volonté suffit-elle toujours ?
Ne jugeons donc de l'arbre à son écorce,
Et ne faisons abus d'aucun secours.

Enfants, pourquoi de nos riants bocages (D)
Vous plaizez-vous à tuer les oiseaux ?
Seriez-vous sourds à ces joyeux ramages
Qui font l'attrait des plus humbles hameaux ?
Si vous aimez les fruits dont, chaque année,
La Providence enrichit nos jardins,
De nos oiseaux sachez la destinée :
C'est de veiller sur vos meilleurs festins.

Moineaux, pinsons, chardonnerets, mésanges,
Fauvettes sont des gardiens vigilants ;
N'ont-ils pas droit à vos justes louanges,
En conservant tous nos fruits succulents ?
Sans eux bientôt des légions d'insectes,
De tous ces fruits composant leurs repas,
S'y creuseraient, habiles architectes,
De doux abris contre les noirs frimas.

Respectez donc ces chers auxiliaires,
Abstenez-vous de tuer vos amis ;
Respectez donc aussi leurs pauvres mères
Que vous privez, trop cruels, de leurs nids.
Tâchez plutôt, par un noble artifice,
De leur créer des abris, des maisons,
Comme on le fait en Allemagne, en Suisse,
En s'étayant des plus sages raisons. (E)

Dieu, mes enfants, n'a rien fait d'inutile,
On en acquiert la preuve chaque jour ;
Et je me dis : la bête la plus vile
N'est-elle point un don de son amour ? (1).

(1) Dernièrement un médecin représentait la punaise comme une ventou-
seuse utile.

On crut longtemps qu'au sein de nos prairies
La taupe était un hôte dangereux ;
Et qu'en creusant ses longues galeries (F)
C'était pour nous funeste , désastreux.

Ce temps n'est plus ; aujourd'hui ses services
Sont mieux connus de nos bons laboureurs :
Tous ses canaux souterrains sont propices
A l'herbe tendre , au sol , à mille fleurs.
Mans ou vers blancs , ainsi que courtillières (1)
Sont dévorés par l'utile animal.
Vous voyez donc que ses dents meurtrières
Nous font du bien , nous préservent du mal.

Lézards , crapauds et cent autres reptiles , (G)
Enfants, par vous sont broyés sans pitié ;
Sachez pourtant que ces bêtes tranquilles
Mériteraient encor votre amitié.
Les limaçons deviennent leur pâture ,
Et ces derniers, enlevant tous les ans
Pois et choux-fleurs à notre nourriture ,
Nous priveraient de ces mets excellents.

Sans raison donc gardez-vous de détruire ;
Je ne connais que la nécessité
Qui nous oblige à tuer , non pour nuire,
Car, autrement, ce serait cruauté.
Hélas ! pourquoi voit-on partout l'enfance
Rangée autour de pauvres animaux
Que l'on immole ? Est-ce que la souffrance
A des aspects si riants et si beaux ?

O mes amis, gardez bien dans votre âme ,
Comme un trésor, la sensibilité ,
Ce chaud rayon d'une céleste flamme.
Qui fait éclore et germer la bonté !
Sans elle plus de sentiments aimables ,
Froid égoïsme entre avant dans le cœur ,
En étouffant ces élans charitables
Qui le rendaient sympathique au malheur.

(1) Les mans ou vers blancs sont les larves des hannetons.

Un dernier mot au sujet des blasphèmes (H)
Dont mon oreille a souvent retenti,
Et qui pour tous sont les tristes emblèmes
D'un esprit vil, grossier, comme abruti.
Si la douceur ne règne en vos paroles,
Même à l'égard d'innocents animaux,
Vous n'aurez point appris dans nos écoles
A triompher des plus vilains défauts.

(A)

L'expérience a prouvé depuis longtemps que ceux qui ne sont pas bons pour les bêtes ne le sont pas non plus pour leurs semblables. Il convient donc que les enfants s'habituent de bonne heure à traiter avec douceur les animaux confiés à leurs soins.

« Une femme à l'esprit droit et distingué, Mme de Tracy, jugeait les gens par leur plus ou moins d'affection pour les animaux. Quiconque lui avait été dénoncé comme cruel envers les animaux, ses protégés, lui paraissait capable des atrocités les plus monstrueuses.

Elle eût volontiers, comme l'Aréopage (1), envoyé à la mort ce bambin d'Athènes qu'on avait trouvé crevant les yeux à son moineau. Longtemps elle avait douté d'un crime trop célèbre ; mais quand elle eut appris que, tout enfant, l'individu s'amusait à mutiler les oiseaux de son grand-père, elle ne douta plus. » (S. E. Mgr le cardinal Donnet).

Un paysan des environs de Foix possédait un âne superbe, mais têtu et indiscipliné.

Le paysan, voulant dompter la bête et la rendre maniable, ne lui épargnait pas les mauvais traitements : coups de fouet et coups de bâton étaient prodigués. Peines inutiles ! le roussin n'en était ni plus ni moins rétif. Son maître, à bout de patience et sans s'inquiéter de la loi Grammont qui punit les sévices envers les animaux, s'avisa de lui

(1) Aréopage. Nom d'un tribunal d'Athènes, célèbre pour sa réputation de sagesse.

faire une large brûlure avec un fer rouge. Le baudet, devenu furieux, se rua sur le paysan, l'abattit à ses pieds, et de ses dents lui déchira le visage. Lorsque l'on vint au secours du pauvre diable, on ne trouva plus qu'un cadavre horriblement mutilé.

La gazette de Lausanne (Suisse) rapportait il y a quelque temps un acte d'une atrocité inouïe qui a soulevé l'indignation générale. Voici le fait. Le sommelier et le portier de l'hôtel de la Couronne à Neuville, canton de Berne, ont attaché au cou d'un chien un vieux soulier, et, après l'avoir enduit d'une couche d'huile de pétrole, ils y ont mis le feu. La pauvre bête, tout enflammée, court en tout sens, en poussant d'effroyables hurlements, et s'affaisse enfin, complétement rôtie, pour expirer dans d'horribles souffrances.

Si je voyageais dans ces parages, je préférerais coucher à la belle étoile plutôt que d'être exposé à rencontrer dans cet hôtel des gens dont la cruauté m'inspire une profonde horreur.

Pierre Garel, qui a été exécuté à Reims pour avoir assassiné sa maîtresse de la manière la plus atroce, était un garçon boucher de 22 ans à peine.

Durant sa longue détention, un fait vraiment étrange s'est produit qui mérite d'être rapporté.

Grâce à la saison exceptionnelle qui régnait, une ruche de mouches s'était acclimatée dans la cellule du condamné.

Plusieurs fois, on avait remarqué Garel s'amusant à prendre ces innocentes bêtes qui, n'ayant plus l'agilité qu'elles possèdent dans les chaleurs, se laissaient facilement saisir. Une fois prisonnières, Garel prenait plaisir à les décapiter ou bien à leur arracher une aîle ou une patte.

Interrogé un jour sur ce passe-temps odieux, le condamné répondit :

« Alors que j'allais à l'école des frères, j'avais déjà cet instinct ; j'étais heureux de voir une mouche s'envolant sans tête, et je me disais: C'est drôle que le décapité par la main du bourreau ne puisse jouir du même privilége que cette mouche!

« Mes amis, en me voyant prendre plaisir à ce jeu, m'ont dit : « Tu seras un jour bourreau ou tu périras de la main du bourreau. »

La prédiction devait s'accomplir.

(*Paris-Journal*, n° *du mardi*, 14 *janvier* 1873.)

De tous les animaux domestiques, aucun n'essuie autant de mauvais traitements que le cheval, qui est pourtant celui qui nous rend le plus de services. Mais qu'on sache que cet animal, d'ordinaire si patient, si endurant, a quelquefois profité d'un moment de liberté pour se ruer sur celui qui l'accablait de coups et le broyer sous ses pieds.

Lorsque j'étais étudiant à Paris et que je fréquentais ses hôpitaux, j'ai vu souvent des blessures horribles résultant de morsures de chevaux. Presque toujours ces blessures qui, plus d'une fois, ont nécessité l'amputation du membre, étaient la conséquence des actes de brutalité exercés envers ces animaux.

« Quand un cheval mord, disait à ses élèves l'illustre chirurgien Dupuytren, il ne *démord point*, et souvent il broye ou il arrache la partie que ses dents ont saisie. Aussitôt donc que l'on se sent pris entre les solides mâchoires de l'animal, il faut lui empoigner les narines de façon à l'empêcher de respirer. C'est le seul moyen de le contraindre à desserrer les dents et à vous lâcher. »

Les oiseaux, ordinairement inoffensifs, trouvent quelquefois dans le sentiment paternel assez de force, assez de courage pour défendre leurs enfants.

Un garçon de ferme des environs d'Avranches vient de l'apprendre à ses dépens.

Ce garçon, ayant avisé le nid d'un hibou dans un vieux chêne, massacra les petits déjà forts et près de prendre leur vol. Pendant quatre jours, on vit le mâle voltiger autour de son ancien nid; il guettait le destructeur de ses enfants. Le cinquième

jour, le garçon sortait de la ferme, quand, du haut
d'un arbre, s'élança le hibou, qui fondit sur lui, et
d'un coup de griffe lui arracha presque l'œil gauche
qui fut complètement perdu.

M. Laboulaye, professeur au collége de France,
député de la Seine, a prononcé le 2 août 1874
un discours magnifique à la distribution des prix
de l'école professionnelle libre de Versailles.

Le sujet de ce discours était la bonté.

« Avec qui faut-il être bon, disait-il ? Nous avons
des inférieurs, des égaux et des supérieurs. Voilà
les trois points de mon sermon et les trois genres
de bonté.

« Quels sont vos inférieurs ? Vous allez me dire que
vous n'en avez pas ; vous en avez beaucoup.

« D'abord il y a une classe d'inférieurs que vous
ne ménagez guère. Ce sont les animaux. Êtes-vous
toujours bons avec les animaux ? Si les chats pouvaient parler, si les chiens pouvaient faire autre
chose qu'aboyer, si les oiseaux pouvaient se plaindre
au lieu de chanter, n'y en auraient-ils pas qui se
plaindraient, non pas de méchanceté, vous n'avez
pas mauvais cœur, mais d'une curiosité indiscrète
qui les fait souffrir. On peut juger, par la façon dont
on aime les animaux, de la façon dont on aime
les hommes.

« Les animaux eux-mêmes sont bons juges en ce
point ; j'aurai toujours une grande préférence pour
un enfant que le chien vient chercher ; il n'y a
rien de plus politique que le chien, sauf le chat
qui l'est un peu plus ; je dirai : voilà un enfant
qui est bon. »

(B)

« Si vous êtes justes et bons les uns envers les
autres, pourquoi ne seriez-vous pas justes, bons et
compatissants envers les animaux qui vous aident
à féconder vos terres et à transporter vos produits ?
Notre empire sur les êtres qui nous entourent vient

de Dieu même. Il a plu à celui qui a fait le monde de nous en donner la royauté et de nous assujétir les animaux : *faciamus hominem et præsit universis animantibus.* Mais Dieu a annexé à l'autorité des devoirs auxquels il n'est pas permis de se soustraire; en nous soumettant les créatures inférieures, il nous a commandé d'être pleins de pitié à leur égard. Nous ne devons pas tourner contre elles les avantages qui, dans le dessein de la Providence, nous sont départis pour leur sage gouvernement. »

(Extrait de l'allocution de S. E. Mgr le cardinal Donnet, archevêque de Bordeaux, au comice agricole de l'arrondissement de Blaye, le 3 septembre 1866.)

Que ceux qui maltraitent les animaux sachent que la loi punit les actes de cruauté dont ils sont trop souvent l'objet.

Le tribunal de simple police de Toulouse, dans son audience du samedi 25 avril 1868, a eu l'occasion de faire une application de la loi Grammont. Il s'agissait de deux individus qui ne trouvaient pas de plus agréables récréations que de faire battre leurs chiens. On prenait rendez-vous, des paris étaient engagés, et les pauvres bêtes s'entre dévoraient à la grande satisfaction et aux applaudissements de leurs maîtres.

« Chacun prend son plaisir où il le trouve, disait l'un d'eux à M. le juge de paix qui lui reprochait sa cruauté. J'ai le droit de tuer mon chien et je puis avoir le droit de le faire battre. »

Le ministère public a flétri avec énergie de pareils sentiments à l'égard des animaux, et il a demandé une application sévère de la loi, qui peut aller jusqu'à la peine de l'emprisonnement pour les contrevenants.

Le tribunal a condamné les deux propriétaires de chiens à 15 fr. d'amende et aux frais.

Bien des fois j'ai entendu porter ce fâcheux pronostic : « Cet enfant finira mal, il ne cesse de brutaliser les animaux ». Et l'évènement confirmait trop souvent la prédiction.

(C)

La pénalité française est bien au-dessous de celle qu'on applique, en Angleterre, aux sévices envers les animaux. Là, pour ne citer qu'un exemple, l'amende, pour la surcharge, peut être portée à 125 fr. (5 livres sterling).

« L'animal n'a qu'une mesure de force, et son activité est restreinte : Ces limites, l'âge et les infirmités les circonscrivent ; elles varient d'après le climat et le tempérament. Tant que l'on respecte ces limites pendant une période de temps, les forces gagnent, la vie se dilate et le corps acquiert plus de valeur parce qu'il rend plus de services. Mais si vous dépassez les bornes, vous dénaturez le plan providentiel :

Omnia in numero, mensurâ, pondere disposuit Dominus : Dieu a tout ordonné avec nombre, poids et mesure. »　　　　　(Mgr le cardinal Donnet)

« A chaque animal, continue le même auteur, il faut mesurer l'espace à parcourir ; la charge qu'il porte ne doit pas excéder un certain poids ; il n'est apte au travail qu'un certain nombre d'heures dans la journée et de jours dans la semaine. On ne transgresse jamais impunément cette loi universelle.

« On ne saurait trop répéter aux valets de ferme, aux cochers de voitures, aux entrepreneurs de charrois, qu'en écrasant de fardeaux trop lourds, qu'en pressant à marches forcées, qu'en accablant de coups leurs bœufs ou leurs chevaux, ils commettent une barbarie dont ils ne tardent pas à porter la peine. »

J'ajoute qu'un chargement excesssif constitue une contravention à la loi Grammont (1).

(D)

« L'oiseau peut vivre sans l'homme, a dit J. Michelet, mais l'homme ne peut se passer de l'oiseau qui est son seul défenseur contre l'insecte.

« Ces charmants chanteurs de nos jardins, auxquels un âge sans pitié tend des piéges de toute sorte, jette sa poudre meurtrière, ont été chargés par Dieu, non-seulement de nous égayer par leurs joyeuses chansons, mais surtout d'empêcher le trop grand développement des insectes nuisibles. Un grand nombre vivent exclusivement d'insectes. C'est par millions que les hirondelles, les rossignols, les fauvettes, les grimpereaux, les hoches-queues, détruisent vers, chenilles, mouches et fourmis.

« Les mésanges font jusqu'à trois nichées par an et chacune consomme environ 40,000 vers et insectes pendant les trois semaines de son éducation.

« Les moineaux et autres oiseaux font bien quelques déprédations dans nos campagnes, mais ils les compensent eux-mêmes par la quantité d'insectes qu'ils apportent à leurs couvées.

« On a calculé qu'au printemps un couple de moineaux détruit ainsi plus de trois mille vers et chenilles par semaine. Et parce qu'en automne, il nous demande de notre abondance quelques grains pour sa peine, nous maudissons le moineau comme un pillard, et nous ne pensons qu'à l'exterminer.

« En Prusse, on avait proscrit le moineau parce qu'il avait eu l'imprudence de goûter les cerises préférées par le grand Frédéric. Pour s'en défaire plus sûrement, chaque paysan fut taxé à un impôt de douze de ces oiseaux par semaine. Qu'arriva-t-il? En peu d'années les cerises disparurent, et bien

(1) La cour de cassation vient de décider aussi que le fait de laisser un cheval passer la nuit à la porte d'une auberge, sans nourriture, constitue une contravention punie par cette loi.

d'autres fruits aussi. Le pays fut dévoré par les hannetons, les chenilles et maints autres ravageurs ; or , pour lutter contre l'insecte dévastateur qui détruit les récoltes, qui tourmente les hommes et le bétail , il fallut ramener cette vaillante landwerhr (1) ailée qui sauve plus de grains qu'elle n'en mange. De semblables expériences ont été faites en Suède pour les corneilles et aux Etats-Unis pour les geais.

« Ce n'est donc pas impunément qu'on porte atteinte à l'équilibre que Dieu a établi dans la création. (A. Lasserre).

« L'homme est un singulier soldat, a dit un auteur, il passe moitié de sa vie à lutter contre les divers fléaux qui sont ses ennemis naturels, et le reste du temps à tirer sur les alliés que la nature lui donne. Ce n'est pas méchanceté pure, parti pris de faire le mal pour le mal ; non : c'est simplement qu'il ne sait pas ! » (2) Voilà pourquoi il faut l'instruire, voilà pourquoi il faut lui apprendre à distinguer les animaux nuisibles de ceux qui lui sont utiles.

Tel est mon but. « Ecrire pour le paysan, a dit Jacques Bujeaud, c'est faire l'aumône aux pauvres. »

Nos paysans, qui se croient éclairés, crucifient des chouettes et des chauves-souris sur la porte de leurs granges ; c'est pour l'exemple, disent-ils ; le supplice public de quelques scélérats à poils ou à plumes doit forcément intimider les autres.

Tandis que ces cadavres innocents se putréfient au profit des mouches charbonneuses , les souris mangent le grain de l'ingénieux paysan ; les moucherons lui piquent les mains et la figure. Eh !

(1) Landwerhr. On nomme ainsi la garde nationale ou les citoyens armés en Allemagne.

(2) Il m'est arrivé quelquefois de rencontrer des chats auxquels des ménagères avaient coupé la queue. Ces femmes étaient imbuées de ce préjugé absurde qu'un ver rongeant la queue de ces pauvres bêtes, il fallait recourir à cette opération pour leur conserver la vie.

bonhomme, tu n'as que ce que tu mérites. En immolant tes alliés, tu t'es livré corps et biens à tes ennemis. Si ces chauves-souris étaient vivantes, elles happeraient les moucherons qui t'incommodent; si tu n'avais pas assassiné cette pauvre chouette, elle purgerait ton grenier des rongeurs qui le pillent. Un cultivateur attentif a suivi les allées et venues d'une chouette sa voisine; il l'a vue, en vingt et un jours, rapporter cent dix rongeurs à son nid. Que t'en semble? Comprends-tu maintenant le sens intime du mot *chat-huant*? Les chats à quatre pattes que tu nourris te rendent-ils autant de services qu'un chat-huant qui se nourrit lui-même?

Les pies, dans nos contrées du moins, sont considérées par les paysans comme des oiseaux de mauvais présage et qui n'ont pas d'utilité. Aussi leurs nids, tant haut perchés soient-ils, ne sont guère respectés des adultes et des enfants. C'est peut-être à leur plumage de deuil que ce préjugé doit être rapporté. Qu'on sache bien pourtant que ces oiseaux sont insectivores parfaits et qu'ils nous rendent chaque année d'importants services.

« Les hommes s'égorgent ; les animaux s'entr'aident », tel est l'axiôme profondément vrai que le journal le *Bon Sens* a inséré dans ses colonnes en le faisant suivre de l'anecdote que voici :

« Un chasseur du département de la Meuse vit un jour cinq ou six pies qui, tout en jacassant, semblaient déchiqueter un lièvre avec passion.

Le chasseur, furieux de voir des oiseaux se livrer au même métier que lui, arma son fusil et mit en joue ces braconniers d'un nouveau genre.

Il tira, et le plomb meurtrier porta la mort dans la société des pies. Mais jugez de sa stupéfaction ! le lièvre, qu'il croyait déjà assassiné par les oiseaux, se lève effrayé et prend sa course à travers les champs. Quant aux pies, trois d'entre elles étaient restées sur le carreau. Surpris de ce qu'il avait vu, notre chasseur examina les becs des oiseaux morts et les trouva remplis, non de chair ni de poils, mais d'une légion de puces (1).

Ces malheureuses pies étaient donc occupées à débarrasser mon lièvre des insectes qui le chagrinaient. »

L'étourneau rend les mêmes services à nos animaux domestiques. On le voit souvent, perché sur le dos des vaches et des bœufs, faire la chasse aux taons qui les tourmentent, et tirer même de leur peau les vers que la mouche y a semés. J'en dirai autant des bergeronnettes ou lavandières.

Le corbeau auquel, durant la neige, la noix vomique est si meurtrière, détruit dans les prés humides une foule de limaces et d'escargots.

(E) *Nichoirs.* — En Allemagne et en Suisse, on ne se borne pas à accorder aux oiseaux insectivores la protection que méritent partout ces vigilants gardiens de nos récoltes, généralement si mal récompensés de leurs services; on pousse le soin, dans ces pays, jusqu'à fabriquer des nids artificiels que l'on installe sur les arbres des bois, des jardins, et qui sont fort appréciés, paraît-il, des hôtes ailés auxquels ils sont destinés. Ces nids, faits en bois ou en poterie, sont percés d'un petit orifice, et ils offrent aux oiseaux qui viennent y faire élection de domicile un abri sûr contre les intempéries et aussi contre les atteintes des ennemis qu'ils comptent.

Quand la neige couvre partout la terre, les petits oiseaux sont obligés d'aller chercher leur nourriture devant les portes de nos maisons, devant nos granges, nos étables, et sur nos fumiers. Respectons et nourrissons ces petits oiseaux créés par Dieu pour protéger nos moissons, nos légumes, nos arbres et nos fruits contre les dégâts des in-

(1) Ce fait n'est pas plus étonnant que le suivant connu déjà d'Aristote et vérifié depuis. Un pluvier entre dans la gueule d'un crocodile et enlève les débris que l'animal, à défaut de langue mobile, ne peut faire disparaître. C'est un cure-dent vivant.

(Revue des cours scientifiques).

sectes. Nourrissons-les, protégeons-les pendant les rudes journées, afin qu'ils puissent vivre pour nous rendre de nouveaux services.

Il est parfaitement établi que la dernière disette, celle de 1855 et des autres années suivantes, fut, en grande partie, la conséqnence de la présence dans les épis du blé, de petits vers jaunes, provenant d'œufs imperceptibles qu'y déposent, au moment de la floraison, de petits moucherons jaunes, appelés cécidomyies (1) du froment, et que l'on voit voler sur les champs de blé, pendant quelques instants seulement, aux approches du coucher du soleil. Ces petits vers, après avoir, en suçant la sève destinée à la nourriture du grain, empêché le grain de grossir ou de se développer régulièrement, sortent bientôt de l'épi, se laissent tomber sur le sol et s'enfoncent dans la terre póur y passer l'automne, l'hiver et la plus grande partie du printemps.

C'est tout juste au moment de la floraison du blé qu'ils sortent de terre à l'état, non plus de ver, mais d'insecte parfait, c'est-à-dire de petite mouche jaune, qui se hâte, pendant sa très-courte existence, de déposer sa ponte sous les balles des épis, où bientôt éclôt une nouvelle génération de ces petits vers jaunes.

En Angleterre, on a constaté que', dans certaines années, les petits vers qu'elle produit avaient détruit jusqu'à la moitié des récoltes du blé.

Les pommiers et les poiriers sont ravagés par les chenilles, les charançons et une foule d'autres petits insectes parmi lesquels il ne faut pas oublier les pucerons, qui s'attaquent aussi aux légumes. Les colzas sont rongés par des vers qui envahissent leurs fleurs ; les betteraves, les pommes de terre et les

____

(1) Cécidomyies et cécidomies, t. d'histoire natur. genre d'insectes de l'ordre des diptères (2 ailes).

fraises par les mans ou vers blancs qui engendrent les hannetons. Nos vignes ont pour ennemis la pyrale, l'eumolope ou coupe-bourgeon qui est considéré comme le plus grand fléau des pays vignobles (1) ; dans le midi, l'olivier est dévoré par une mouche qui se nourrit de ses feuilles, s'introduit dans son fruit et le ronge entièrement.

Qui protégera tous ces végétaux si on vient à détruire les oiseaux sans le secours desquels l'homme ne pourrait vivre ! Et les mauvaises graines qui infestent nos champs de plantes nuisibles ! Qui les empêchera de germer, si les petits oiseaux ne sont pas là pour les chercher à terre et s'en nourrir (2) ?

« En Allemagne, dit Taxile Delord, la toiture vermoulue d'une maisonnette de paysan abrite un nid de rouge-gorge ; en France, toutes les lois possibles ne suffisent pas à le protéger. »

Enfants, vous voilà suffisamment éclairés sur ce sujet ; à l'avenir, prouvez que vous avez profité de mes conseils !

(F) Autrefois, dans nos villages, le taupier ou preneur de taupes était appelé à débarrasser les prairies de leurs hôtes souterrains et, chaque année, au printemps, je voyais un grand nombre de ces animaux morts suspendus à l'extrémité de longues branches enfoncées dans le sol. Le taupier tenait à fournir la preuve de son habileté ; peut-être le salaire qu'il recevait était-il en rapport avec le nombre de ses victimes.

Aujourd'hui, l'utilité de la taupe semble mieux connue, pour nos prairies du moins, car je n'aper-

---

(1) Dans le Bordelais, un insecte nommé phylloxera cause, chaque année, des ravages évalués à plus de cent millions.

(2) Les petits oiseaux sont donc les auxiliaires les plus utiles du laboureur. Aussi est-ce avec raison que le roi des Belges vient de rendre une ordonnance pour défendre le colportage et la vente des nids dans tout son royaume, sous des peines sévères.

çois plus les preuves irréfragables du passage du taupier dans nos contrées.

Cependant, comme tout le monde n'est pas suffisamment éclairé encore sur les services que ce petit animal nous rend, comme ils sont même niés par nombre de personnes, signalons-les brièvement.

Un ancien adage est celui-ci : « montre-moi tes dents, je te dirai ce que tu manges. »

Etudiez, le scalpel en main, l'organisation d'une taupe, et vous trouverez que les mâchoires sont armées de quarante-quatre dents qui, évidemment, par leur conformation, ne peuvent appartenir qu'à des animaux de l'espèce carnivore.

Ouvrez son estomac, et vous le trouverez rempli de débris d'insectes. *(Voir à la fin de cet opuscule une expérience très-concluante.)*

On a souvent attribué aux taupes les ravages causés par les vers blancs, tandis qu'au contraire ce sont elles qui s'en nourrissent. Ainsi, en s'efforçant de détruire ces petits animaux, on a accru le mal au lieu d'y remédier.

Un jardinier de cette ville, grand destructeur de taupes, avait planté beaucoup d'arbres à fruits dans un terrain qu'il possède ; très-peu ont réussi ; leurs racines ont été rongées par les vers blancs. Je suis en possession d'un de ces arbres dont les radicelles ont disparu en totalité.

Il y a quelques années, en Normandie, presque tous les arbres à cidre périssaient sans qu'on pût en découvrir la cause. Un agronome des plus distingués, M. Charles Guerrier, se mit à la rechercher, et il acquit la preuve qu'aux vers blancs seuls on devait la rapporter.

En Angleterre, en France, partout les sociétés d'agriculture se préoccupent de l'immensité des désastres causés par les insectes qui ravagent les prés, les arbres, les fraisiers de nos jardins, etc.

A Sion, en Valois, on se plaignait que les taupes

ravageaient les prairies. On paya si bien les taupes crevées qu'on en fut complétement débarrassé.

Au bout de quelques années, on fut obligé d'aller acheter dans le Bas-Valois des taupes vivantes, pour les réinstaller dans les prés d'où elles avaient disparu.

Les taupes rendent encore d'autres services : elles vont chercher de la bonne terre à une certaine profondeur, et la ramènent à la surface. Il en résulte que la pousse de l'herbe est plus vigoureuse, lorsqu'on a soin de répandre la terre de la taupinière, ce qui est indispensable.

Enfin les galeries des taupes sont utiles dans les fortes terres pour aérer le sol et faciliter l'écoulement de l'eau. Ces galeries font l'office de drainage naturel.

Si, dans nos jardins, où les taupes sont utiles pour dévorer les vers blancs et les courtillières, elles se multipliaient trop, au grand préjudice des plates-bandes, on les en éloignerait aisément. Pour cela, il suffirait de tendre autour des plates-bandes à protéger, et à 15 ou 16 centimètres de profondeur, une ficelle enduite de goudron de gaz. Aucune taupe, dit-on, ne franchirait cette barrière.

En octobre 1874, j'étais à Bulgnéville : M. Renaud, pépiniériste très-distingué de cette localité, me disait : « Vous voyez cette couche d'arbres verts ; souvent elle me rapporte sept ou huit cents francs.

Mais souvent aussi les taupes me la bouleversent entièrement. Je les détruis donc impitoyablement. »

Que faites-vous alors, lui dis-je, pour prévenir les dégâts de ces ravageurs qu'on appelle mans ou vers blancs ?

« Vous le voyez : je plante quelques salades dans le voisinage de ma couche, et ces salades attirent ces insectes. Quand les salades se flétrissent, je les enlève avec la bêche et les vers blancs avec elles.

« Depuis que j'emploie ce moyen si facile et si simple

je ne me préoccupe plus des dégâts causés par les vers blancs, car ils sont insignifiants. »

Les vers blancs diminuant, les hannetons aussi diminueront dans la même proportion, au grand profit des arbres de nos vergers, de nos forêts et d'une foule d'autres produits du sol.

J'ai lu quelque part : « Le jour où le hanneton vaudra 10 centimes, en France, sera un beau jour pour notre agriculture. »

Il y a quelques années, M. le baron Pron, préfet du Bas-Rhin, a adressé aux maires de son département une circulaire ainsi conçue :

« Depuis quelques années, les hannetons se sont tellement multipliés, que les vers blancs, leurs larves, font d'immenses ravages. Les pertes qu'ils ont causées à l'agriculture de l'Alsace s'évaluent par millons : les prés, les champs, les vergers, les pépinières, la jeune vigne, la pomme de terre, la betterave, et en général, toutes les cultures en sont infestées et ravagées. Il importe donc de prendre des mesures pour arrêter le fléau et pour empêcher qu'il ne s'étende davantage encore. Il y a pour cela un moyen fort simple : c'est de ramasser les hannetons dès qu'ils apparaissent ; car, en détruisant une seule femelle de hanneton, on empêche la production de cent vers blancs.

On y parvient facilement en secouant les arbres le matin. Les hannetons en tombent tout engourdis encore par la fraîcheur de la nuit. » (1).

(G) Les lézards, couleuvres, orverts (borgnes), crapauds, grenouilles et grand nombre d'autres reptiles nous délivrent des insectes nuisibles aux récoltes de nos champs et de nos jardins.

J'ai lu dans nos journaux de médecine qu'il se fai-

___

(1) Un habitant de la campagne m'a dit : Savez-vous, M. le docteur, pourquoi, seul dans mon village, j'ai eu des mirabelles ? — Non ! — Eh bien ! c'est parce que seul j'ai fait la guerre aux hannetons qui dévoraient les feuilles de mes arbres.

sait, à Paris, un commerce considérable de crapauds. Les crapauds, disait-on, sont devenus depuis quelques années les auxiliaires indispensables des maraîchers. Ces animaux font une guerre acharnée aux limaces et aux limaçons qui, en une seule nuit, peuvent ôter toute valeur commerciale aux laitues, aux carottes, aux asperges, et même aux fruits de primeur. En recourant à cet utile moyen, les maraîchers français suivent l'exemple des horticulteurs anglais. Il y a longtemps qu'en Angleterre on achète 15 francs un gros crapaud qu'on lâche dans un jardin pour qu'il y fasse sa nourriture des limaçons.

En France, on a généralement une grande aversion pour ce reptile que nombre de jeunes gens croient venimeux.

Les crapauds ont le corps ventru et couvert de verrues ou de papilles, d'où suinte une humeur visqueuse ; on remarque aussi de chaque côté du cou une grosse glande saillante et comme criblée de pores, qui sécrète une humeur âcre. Cette glande est désignée sous le nom de parotide. Leurs pattes postérieures ne sont pas aussi allongées que celles des grenouilles, et ils sautent mal ; en général, ils rampent plutôt qu'ils ne marchent, et, quand ils sont surpris, au lieu de fuir, ils s'arrêtent subitement, enflent leur corps de manière à le rendre dur et élastique, font suinter de leur peau une humeur blanche, et lancent au loin leur urine fétide. Quelquefois même ils cherchent à se défendre en mordant leur ennemi. Mais leur bouche est complétement dépourvue de dents.

Les crapauds, suivant Carron du Villars, sont des êtres très-malfaisants. Non-seulement l'humeur baveuse qu'exsude leur peau dégoûtante est toxique, mais ils lancent avec force par l'anus un liquide qui est des plus irritants. Les enfants ont coutume, en Piémont, quand ils vont se baigner, d'introduire dans l'anus des grenouilles un fétu de paille au moyen duquel ils les gonflent tellement, que ces pauvres animaux ne peuvent plus aller au fond de l'eau. C'est en se livrant à ce cruel divertissement sur un crapaud, qu'ils prenaient pour une grenouille, qu'un enfant reçut dans les yeux le liquide lancé par ce dégoûtant animal. Aussitôt il poussa des cris affreux. Ses camarades eurent beau lui laver les yeux avec de l'eau froide, il fut reconduit chez lui presque aveugle et eut une conjonctivite avec chémosis (1) qui dura plusieurs jours, malgré les applications d'eau froide aiguisées avec de l'acétate d'ammoniaque.

Pareil accident arriva à un jardinier de Paris qui avait saisi par la patte un gros crapaud qu'il voulait mettre dans ses fraisiers. Le liquide, sorti de l'anus, lui fut lancé dans les yeux, et l'action en fut comparée par lui à celle de l'huile bouillante, tant étaient grandes l'ardeur et la cuisson qu'il ressentit. Ses paupières se tuméfièrent, et, sans le secours d'un ami, il lui eût été impossible de regagner son logis. Le lendemain, il avait une ophthalmie purulente phlycténoïde (2) très-intense. Une saignée du pied, des bains locaux acidulés, des scarifications et quelques purgatifs arrêtèrent le mal.

Beaucoup de personnes tuent impitoyablement les lézards, les couleuvres et les orvets (borgnes) qu'elles croient venimeux et sans aucune utilité, ce qui est aussi une erreur. Ces reptiles ont les mâchoires garnies de dents et ne cherchent à mordre que quand on les a irrités, mais leurs morsures ne sont nullement dangereuses. Ils se nourrissent d'insectes.

Une autre erreur encore consiste à prendre leur langue pour un dard.

(1) Chémosis : Ophthalmie accompagnée d'un afflux si considérable dans le tissu cellulaire sous-muqueux que la conjonctive forme un bourrelet très-élevé, rouge, circulaire, et que la cornée apparaît comme au fond d'un trou.

(2) Ophthalmie phlycténoïde : C'est une inflammation oculaire avec ampoules comme de petites vessies.

On mange la couleuvre dans plusieurs de nos provinces. La plus commune est la couleuvre à collier : elle est cendrée avec des taches noires le long des flancs et trois taches blanchâtres formant un collier sur la nuque. Sa longueur est d'environ un mètre : on la trouve dans les prés voisins d'eaux dormantes. Elle nage avec facilité.

Les bois de nos contrées sont peuplés de couleuvres, mais je ne sache pas qu'on y trouve la vipère qui est très-commune dans l'arrondissement de Neufchâteau. La vipère est venimeuse, et, dans les pays où elle est très-répandue, dans le Bassigny (H^{te}-Marne), par exemple, dans la forêt de Fontainebleau, les chasseurs sont toujours munis d'un flacon d'alcali volatil qui leur servirait à cautériser la morsure du reptile et à prévenir les accidents, parfois très-graves, qui en seraient la suite.

L'acide phénique, récemment découvert, peut servir au même usage.

On distingue plusieurs espèces de vipères. La plus commune a une longueur qui excède rarement six ou sept décimètres ; elle est généralement brune avec une double rangée de taches transversales noires sur le dos et une autre rangée sur chaque flanc ; mais souvent ces taches s'unissent pour former des bandes en zigzag, et on trouve des individus presque entièrement noirs. Sa tête est recouverte de petites écailles imbriquées ou granelées.

Les dents de la vipère sont creuses et marquées au-dessus d'une fente ou cannelure par laquelle s'écoule le venin sécrété dans une glande située au-dessus de la mâchoire. Ce venin est déposé dans de petits réservoirs à la base de chaque dent et s'introduit dans la plaie faite par la morsure du reptile.

La vipère commune habite les cantons boisés, montueux et pierreux.

Elle se nourrit de souris, de taupes, de jeunes oiseaux, de reptiles et même d'insectes et de vers. Pendant la saison froide, les vipères restent engourdies dans des trous où on les trouve souvent entrelacées plusieurs ensemble. C'est dans les premiers beaux jours de printemps qu'on les voit le plus souvent se réchauffer au soleil ; mais lors des grandes chaleurs, on n'en rencontre que rarement. A chaque portée, elles produisent douze à vingt-cinq petits qui n'atteignent leur entier développement qu'à l'âge de six à sept ans (M. H. Milne Edwards.).

De tous les reptiles venimeux de l'Europe, la vipère commune est la plus dangereuse, même dans notre climat froid : sa morsure peut occasionner en quelques heures la mort d'un homme et faire périr en quelques minutes les petits animaux. En général, cependant, la quantité de venin qu'elle verse dans la plaie est insuffisante pour être mortelle à l'homme.

(1) Immédiatement après l'accident, et en même temps que l'on s'occupe du traitement externe ci-dessus indiqué, le seul qui jusqu'à présent ait paru efficace contre la morsure de la vipère, on fera prendre aux malades un verre d'eau de sureau (fleurs) ou de feuilles d'oranger ou de tilleul (fleurs) dans lequel on aura versé six à huit gouttes d'ammo-

(1) On peut s'opposer au développement des accidents qui résultent de la morsure de ce reptile, à l'aide d'un moyen très-simple quand il est mis en pratique immédiatement. Ce moyen consiste à sucer fortement la plaie. L'expérience a démontré que ce venin, si subtil, si dangereux, lorsqu'on l'applique sur une partie privée de son épiderme, est sans aucune action sur la membrane muqueuse qui tapisse la bouche et les lèvres, pourvu qu'elle ne soit pas lésée et excoriée.

L'expérience a même prouvé que l'on peut avaler impunément la salive imprégnée de ce venin.

On peut encore pratiquer au-dessous de la plaie une ligature convenablement serrée, mais non pas jusqu'au point d'interrompre complétement la circulation, ce qui amènerait nécessairement la gangrène de la partie. On applique alors sur l'endroit de la plaie une ventouse, et, à défaut de ventouse, un verre dans lequel on aura brûlé du papier. Lorsqu'on a retiré la ventouse, on fait dans les environs de la plaie des scarifications plus ou moins profondes, et l'on cautérise la piqûre elle-même, soit avec le fer rouge, soit avec la pierre à cautère ou le beurre d'antimoine.

niaque (alcali volatil) : On renouvellera cette bois-
son toutes les deux heures, et l'on fera placer
le malade dans un lit bien couvert. L'ipécacuanha
ou l'émétique sera administré si des vomissements
bilieux ou la jaunisse venaient à se manifester.

Si la gangrène se déclarait, on administrerait de
la décoction de quinquina à laquelle on ajouterait
16 grammes d'hydrochlorate d'ammoniaque par litre
de liquide et deux pincées de fleurs de camomille.

Dans le cas où la morsure n'aurait occasionné
qu'une maladie légère, où le gonflement serait peu
considérable, où le malade n'éprouverait ni envie
de vomir, ni défaillance, on se bornerait à écarter
les bords de la blessure avec précaution, et, après
y avoir versé une ou deux gouttes d'alcali volatil, on la couvrirait d'une compresse mouillée
avec le même alcali et on la maintiendrait à l'aide
d'une bande : Les environs de la partie mordue seraient ensuite frottés légèrement avec de l'huile
d'olives tiède, et on l'envelopperait de linges trem-
pés dans le même liquide. Enfin, toutes les deux
heures, on ferait boire au malade un tasse d'eau
de feuilles d'oranger, de fleurs de tilleul à laquelle
on ajouterait quelques gouttes d'alcali volatil. (Or-
fila. Toxicologie générale).

On peut aussi recourir avec avantage à l'alcali
volatil toutes les fois qu'on vient d'être piqué par
une abeille (1), une guêpe, ou une mouche inconnue

(1) J'ai employé plusieurs fois avec succès sur les endroits piqués par une
abeille ou une guêpe mes topiques de conferve bulleuse. Cette plante aqua-
tique est connue dans ces contrées sous le nom vulgaire de mousse d'eau
ou de limon.

Ces topiques calment la douleur, préviennent et dissipent promptement
les inflammations extérieures et par causes extérieures. Tous les jours, j'u-
tilise cette plante qui croît abondamment dans les eaux tranquilles et chaudes,
dans les ruisseaux et les fontaines. Lorsqu'elle a acquis plus de développement, je l'utilise comme charpie, éponge, mèche propre au pansement des
plaies ou des abcès, et comme agaric hémostatique, c'est-à-dire comme
amadou propre à arrêter les hémorragies provenant de petits vaisseaux.

Avis aux malheureux qui manquent de tout, de linge particulièrement !
On peut utiliser aussi cette plante chez les animaux et la substituer aux
étoupes comme charpie.

qui aurait pu puiser sur un cadavre d'animal pu-
tréfié des liquides susceptibles d'engendrer le charbon ou pustule maligne.

L'acide phénique peut être employé de la même manière. On pourrait aussi recourir à l'eau de chaux que
l'on prépare en délayant quelques grammes de chaux
vive dans un verre d'eau.

C'est pour prévenir ces accidents sérieux que l'on
doit enfouir à une profondeur suffisante les cadavres
des animaux. Disons que, si le charbon ou pustule
maligne venait à se déclarer, il n'y aurait pas de
meilleur moyen à lui opposer que la cautérisation
avec le fer rouge ou le crayon de potasse caustique.
A l'aide de ce traitement, M. le docteur Babault
(d'Angerville) déclare n'avoir perdu, depuis 19 ans
qu'il exerce dans la Beauce, qu'un seul malade de
la pustule maligne, et le nombre de ceux qu'il a
traités s'élève à plus de deux cents.

J'engage toutes les personnes qui vivent éloignées
des pharmacies à avoir toujours chez elles un flacon d'alcali-volatil, non-seulement pour prévenir
les maux que je signale, mais encore pour com-
battre ceux qui atteignent leurs animaux domestiques. Ce remède, à la dose d'une cuillerée à café
dans un verre d'eau, triomphe bientôt du météo-
risme qui survient fréquemment chez les bêtes à
cornes lorsqu'elles ont mangé du trèfle vert et hu-
mide. Ce moyen est plus sûr et moins dangereux
que celui qui consiste à plonger le couteau dans la
panse du pauvre animal.

Tous les jours l'homme, malgré son ignorance
des secrets de Dieu, se demande à quoi servent
une foule d'animaux dont il ne voit que le côté
nuisible. Pourquoi ces serpents venimeux, ces
scorpions, ces lions, ces tigres, ces léopards, qui
sont les ennemis des troupeaux et les siens? pourquoi? Certes, il serait difficile, impossible peut-
être de le dire en l'état actuel de la science. Mais

qui sait si l'on ne découvrira pas un jour les raisons de leur existence et de leur utilité, comme on a découvert l'utilité des oiseaux, des crapauds, des taupes, etc.! Cherchez donc, actifs pionniers de la science zoologique, et dites-nous bientôt ce que nous désirons tous connaître.

Je lisais dernièrement les souvenirs d'un entomologiste (qui connaît les insectes), M. Brasseur Wirtgen, à propos d'une exhumation aux Antilles à laquelle il avait assisté.

« Parmi les brillants hyménoptères (1) dont les airs s'enrichissent à Saint-Jean de Porto-Rico, dit M. Brasseur Wirtgen, et que les seules plantes attirent, il en est de sanguinaires, à l'appétit redoutable; la vibration aiguë que leurs ailes font entendre avertit de leur approche. L'Européen, en mettant le pied sur les terres tropicales, ne saurait avoir d'ennemis plus acharnés. Mais les attaques dont il est l'objet, en abordant ces plaines lointaines, n'ont-elles pas leur utilité? L'Européen apporte souvent en lui une exubérance vitale qui pourrait lui devenir funeste, et dont l'insecte le délivre. Toutes les parties du corps exposées à l'air se couvrent de rougeurs, résultant d'un grand nombre d'aiguillons qui s'y enfoncent. Lancettes et ventouses opèrent, le sang est ôté en quantité nécessaire pour en modérer l'action; les fièvres et les congestions dont on était menacé ne sont plus à craindre.

La nature, en ces contrées torrides, donne encore un éclatant témoignage de l'utilité de l'insecte dont nous maudissons l'aiguillon cruel. Les plus redoutables d'entre eux sauvent assez souvent d'une mort certaine des troupeaux entiers de bœufs. Sous les ardeurs solaires, parfois des émanations funestes à ces animaux se dégagent des prairies trop humides.

(1) Ordre d'insectes qui a pour caractères quatre ailes nues.

Insensiblement la fièvre, absorbant leur vigueur, vient les lier à un sol meurtrier. Incapables de se mouvoir d'eux-mêmes, l'œil morne et livrés à une sorte de résignation stupide, ils périraient infailliblement, quand, attirés par leur état malsain, des légions d'insectes, avides de sang, viennent s'abattre sur eux. Bientôt tous leurs corps s'en couvrent et, dans leurs chairs amollies, les aiguilles s'enfoncent. L'insecte sait remettre debout, même les les plus énervés, et, malgré leurs jambes tremblantes, il les oblige à fuir les terres où les avait attirés une atmosphère aux langueurs perfides. »

La fourmi, qui est fort désagréable et surtout très-incommode dans une foule de circonstances, a bien aussi parfois son utilité. Les fourmis dévorent les chenilles et les poursuivent avec un grand acharnement. En voici la preuve. Des choux étaient dévorés par des quantités considérables de chenilles qui se renouvelaient sans cesse. Le propriétaire, ne sachant que faire pour se débarrasser de ces insectes, eut l'idée d'envoyer chercher une de ces fourmilières que l'on trouve souvent dans les bois de sapins, et qui logent dans des tas d'aiguilles tombées de ces conifères. On lui apporta un plein sac de fourmis qu'il jeta aux pieds des choux attaqués. Immédiatement ces fourmis se mirent à l'œuvre, chacune d'elles prit une chenille par la tête et ne la lâcha plus; les autres chenilles disparurent pour ne plus revenir, comme si elles avaient eu l'instinct du danger qui les menaçait.

Le lendemain, il ne restait plus aucun de ces insectes dans les choux; et, au bas des murs du jardin, on voyait des tas de chenilles mourantes.

Les forestiers allemands protégent les fourmis, car ils savent bien que ces petits animaux rendent des services. Aussi, bien que les œufs des fourmis soient très-recherchés pour la nourriture des petits faisans, des perdreaux, des rossignols, il est dé-

fendu, sous peine d'amende, de prendre des fourmilières dans les forêts

Il ne faut pas perdre de vue que la fourmi est
infatigable pour chercher sa proie; elle monte jusqu'à la cîme des arbres et détruit une grande quantité d'insectes nuisibles.

Voilà bien la preuve que tout a son utilité dans
la nature ! Avis donc aux habitants des campagnes
qui font aux formis une guerre impitoyable.

Un voyageur, revenu depuis peu des contrées de
l'Afrique occidentale, déclare que les régions équa-
toriales seraient inhabitables sans les fourmis qui
les débarrassent incessamment de toutes les matières
putrescibles. Le nombre de ces insectes y dépasse
tout ce que l'imagination la plus hardie peut oser
concevoir.

Disons cependant que ces insectes vigilants,
comme les appelle M. E. Trouillet, professeur
d'arboriculture, ne travaillent pas toujours dans
un sens qui nous est favorable. Il y a quelques
années, ce n'est qu'en tuant une à une toutes les
fourmis rouges qui avaient élu domicile au pied d'un
de mes espaliers, et qui en avaient en partie dévoré l'écorce, au-dessous de l'endroit désigné sous
le nom de mésophite (1), que je suis parvenu à empêcher cet arbre de mourir. Aussi, depuis cette
époque, je veille avec soin à ce que les fourmilières
ne s'établissent plus aux pieds de mes arbres.

Une foule d'autres insectes semblent destinés à
faire disparaître les matières corrompues à la surface de la terre. Citons parmi eux : l'escarbot des
cadavres, le nécrophore fossoyeur. Les nécrophores
recherchent surtout les cadavres de taupes et de
souris qu'ils enfouissent pour y déposer leurs œufs

(1) Mésophite. On désigne ainsi le point de jonction de la tige avec les
racines. Ce point ne doit pas être enterré, sans quoi l'arbre, au lieu de donner des fruits, ne donnerait que du bois. *Experto crede Roberto.* Croyez
en mon expérience.

3

et placer ainsi leur progéniture au milieu de matières propres à leur servir de nourriture.

Il y a quelques années, le journal le Cosmos a entrepris la réhabilitation de la guêpe. « Personne, dit ce journal, n'aime ce petit animal, par la raison bien simple qu'on le regarde généralement comme un parasite fort inutile d'abord et fort dangereux ensuite.

« La guêpe a reçu, selon lui, la mission de débarrasser l'homme des mouches charbonneuses, dont la piqûre n'est que trop souvent mortelle, et pour arriver à ce but, point n'est besoin pour elle de son aiguillon.

Lorsqu'un animal mort reste abandonné dans les campagnes, son cadavre ne tarde pas à se décomposer et à se couvrir de petits vers blancs à peine visibles, qui sont déposés par de grosses mouches noires, ou grises, ou bien encore aux couleurs métalliques. Les guêpes, très-friandes de ces vers, chassent les mouches et s'empressent de débarrasser les cadavres de ces hôtes dangereux, empêchant par là que la décomposition ne soit aussi complète. »

Une foule de gens tuent impitoyablement le ver de terre toutes les fois qu'ils cultivent leurs jardins, regardant cet animal comme nuisible à leurs légumes. J'avais autrefois à mon service un véritable Michel Morin qui, malgré mes recommandations cent fois réitérées, n'en persistait pas moins à trancher toujours avec sa bêche le corps de tous les vers qu'il rencontrait, tant le préjugé était enraciné dans son esprit. Cet homme croyait que j'étais aveugle et que la vérité était de son côté.

Dans une note communiquée à la société centrale d'agriculture, M. E. Robert n'hésite pas à placer le ver de terre ou lombric au premier rang parmi les animaux qui rendent des services à l'agriculture.

« Les vers, dit M. Robert, fertilisent les terres, en ramenant sans cesse à la surface du sol les engrais qui sont descendus trop bas pour agir sur les racines des plantes. Ils font précisément ce que l'on cherche à obtenir avec la houe ou la bêche, et même avec la charrue. En un mot, ils recouvrent uniformément les champs d'une bonne couche de terre végétale, souvent très-riche en humus (1).

Il y a plus : c'est qu'en fouillant ainsi la terre, en la criblant d'une foule de petites galeries qui ne s'éboulent jamais, tant elles sont bien établies, les lombrics font ce que l'on ne saurait réaliser, n'importe avec quel instrument. Ils drainent le sol comme s'il s'agissait de favoriser l'absorption des eaux ou de faire pénétrer l'air dans les couches les plus profondes du sol arable.

Mais là ne se borne pas le rôle des lombrics, car ils favorisent singulièrement la décomposition ou la désorganisation des feuilles tombées. Si l'on suit attentivement les changements qui s'opèrent durant la mauvaise saison dans un champ abandonné à lui-même, on voit progressivement disparaître les feuilles qui s'y trouvent. Or, en examinant les trous de sortie des lombrics, qu'on reconnaît facilement aux déjections stercorales sous forme vermiculée dont ils sont entourés, on s'aperçoit que ces trous, légèrement évasés en entonnoir, ont leur orifice comme bouché par des paquets de feuilles qui y sont entrées par l'une des extrémités et également du côté du pétiole.

Il ressort de ces faits que le lombric, au moyen des paires de soie crochues et dirigées en arrière, qui garnissent chacun de ses anneaux, entraîne, en se retirant, les feuilles et les pétioles qui se trouvent à proximité des trous et même à une assez grande

____

(1) Humus. On désigne ainsi la couche de terre végétale qui sert d'enveloppe à notre globe.

distance, pour en faire sa nourriture, ainsi que l'atteste la disparition complète du parenchyme (1). Il faut ajouter que le lombric peut vivre aussi extérieurement aux dépens des feuilles qu'il n'a pu faire glisser dans sa galerie.

L'effet le plus important de cet enfouissement, de quelque manière qu'il se produise, est de hâter la transformation des feuilles en terreau (terre végétale.)

Ainsi le ver de terre ou lombric draine, cultive et fume la terre, et ce serait, suivant M. Robert, méconnaître le parti qu'on peut en tirer que de chercher à le détruire. »

La conclusion à tirer de ces faits est donc la suivante : l'oiseau, l'insecte, le ver, tout animal a son utilité dans l'harmonie de la création. Quelquefois nous la voyons, souvent elle nous échappe, mais elle existe toujours.

« Certains, a dit M. le professeur Fée, qu'il existe pour l'homme des mystères impénétrables et des faits sans explication, pourquoi craindrions-nous d'avouer notre impuissance à dévoiler les uns et expliquer les autres ? Nous vivons, mais qui peut définir la vie ? nous mourrons, mais qui peut comprendre la mort ? Il faut chercher plus haut la cause des effets qui se rendent chaque jour manifestes à nos yeux, et faire rentrer dans la sphère d'action du Créateur ce qui doit y rentrer, sans qu'il en coûte le moindre effort à notre raison. »

(H) BLASPHÈME

Parole impie ou injurieuse à la Majesté divine.

En 1576, Charles III, duc de Lorraine, défendit

---

(1) Parenchyme. En botanique, tissu cellulaire, tendre et spongieux, qui remplit, dans les feuilles et dans les jeunes tiges, les intervalles entre les plus fines ramifications.

de blasphémer le saint nom de Dieu, de la Vierge, et des Saints.

Les contrevenants encouraient les peines suivantes :

Pour la 1re fois, ils étaient punis de 20 francs d'amende ou de 20 jours de prison ; pour la seconde, de 100 francs d'amende ou d'un mois de prison ; pour la troisième, on les obligeait à se présenter en lieu public, la tête nue, les mains liées, soumis à toutes les injures qu'une populace voulait leur faire pendant quatre heures ; pour la quatrième fois, ils étaient expulsés du pays pour deux ans ; pour la cinquième, ils avait la langue percée d'un fer rouge, et ils étaient en outre bannis pour quatre ans ; enfin, pour la sixième, reconnus incorrigibles, ils avaient la langue coupée.

En France, le blasphème n'est puni par aucune loi, mais il n'en est pas de même en Angleterre. Dernièrement, à Londres, un charretier vient d'être condamné à une amende d'un schelling (1) pour avoir profané le nom sacré de Dieu.

Cette amende est de deux schellings, pour les personnes désignées sous le nom général de gentlemans, et de cinq schellings pour les personnes de haut rang.

Ces amendes sont distribuées aux pauvres de la paroisse dans laquelle le blasphème a été proféré.

La récidive est punie d'une amende double. Au troisième juron, l'amende est triplée et elle peut être suivie, au gré du magistrat, de dix jours d'emprisonnement dans une maison de correction.

Dernièrement aussi, le tribunal correctionnel de Florence a prononcé une condamnation à 15 jours de prison contre un homme du peuple pour avoir blasphémé le saint nom de Dieu.

Un général, en proie à une maladie longue,

(1) Le schelling ou schilling évalué en argent de France vaut, suivant le cours du change, de 1 fr. 28 c. à 1 fr. 12 ou 1 fr. 25 c.

choisit une religieuse pour sa garde. La souffrance arrachait fréquemmsnt de gros jurements au vieux soldat que, pour cette raison, la religieuse menaçait de quitter.

« Si vous continuez sur ce ton, lui dit-elle, je serai forcée de m'éloigner de vous. Il faut donc, si vous désirez que je reste, que le blasphème cesse de souiller vos lèvres.

— Impossible, répondit le général, car l'habitude est invétérée.

— Hé bien ! reprit la religieuse, promettez-moi de faire ce que je vais vous indiquer, et je crois pouvoir vous prédire que bientôt vous vous serez corrigé.

— J'y consens, mais encore faut-il que je sache ce à quoi je m'engage ?

— A donner cinq francs aux pauvres de la paroisse chaque fois que vous commettrez votre péché habituel. »

Au bout de quelques jours, le général s'observa si bien qu'il ne jura plus.

Est-ce qu'un pareil remède, proportionné à l'âge et à la fortune du blasphémateur ne doit pas être essayé ?

C'est chose pénible à entendre que ces jurements affreux qui souillent journellement les lèvres des hommes et des enfants préposés à la conduite et à la garde des bestiaux. C'est ainsi qu'ils préludent à leurs mauvais traitements.

Si par des moyens de douceur et de persuasion on parvenait à empêcher ces jurements, on aurait fait, je crois, un grand pas dans la voie où j'engage à marcher.

Les propos grossiers cessant, les actes de brutalité envers les animaux cessant ou s'atténuant beaucoup, les sévices contre les personnes diminueraient dans la même proportion. Les tribunaux de tous les degrés perdraient donc une partie de leur clientèle, au grand profit de la civilisation.

Ajoutons , en passant , que si l'on parvenait à arrêter aussi l'ivresse qui, chez nous , s'est élevée depuis 20 ans à la hauteur d'un fléau , les actes de brutalité contre les animaux, les crimes, les maladies parmi lesquelles il faut ranger surtout la folie, l'épilepsie (mal caduc), l'imbécilité , la paralysie, l'hydropisie (1) seraient moins nombreux.

« En tout temps et en tout lieu , l'ivrognerie a fait de nombreuses victimes, mais. jusqu'au siècle dernier , le mal n'avait exercé que des ravages isolés. Il était réservé au XVIIIᵉ siècle, plus encore au nôtre, de donner le honteux spectacle de populations entières s'abrutissant par l'abus de l'alcool. » (Docteur Bergeron.)

C'est à l'ivrognerie qu'il faut rapporter aussi l'immoralité, la paresse, la ruine des familles.

Un ivrogne vendrait jusqu'à sa dernière chemise pour satisfaire sa honteuse passion , sans s'inquiéter si sa femme, si ses enfants ont du pain et des vêtements. Il vendrait de même son vote électoral, pour un verre d'eau-de-vie ou d'absinthe, sans nul souci du salut de son pays qu'il expose au plus épouvantable fléau, celui des révolutions.

Il est temps de chercher le remède, sinon curatif (2), du moins préventif d'une pareille dégrada-

---

1) On a dit d'un ivrogne : « *Qui vivit in vino, moritur in aquâ.* » Celui qui vit dans le vin, meurt dans l'eau, c'est-à-dire devient hydropique.

(2) Qui a bu , boira, dit le proverbe, et le proverbe reçoit tous les jours la sanction de l'expérience. Pourtant depuis que notre tribunal de paix a prononcé quelques condamnations sévères contre les gens en état d'ivresse habituelle , j'ai remarqué qu'ils s'y exposaient moins.

Je crois qu'une des causes qui tendent à produire ce vice abrutissant de l'ivrognerie est l'abus du tabac à fumer. Le tabac dessèche la bouche et engendre la soif.

Tous les jours, il m'arrive de rencontrer des enfants qui fument du papier ou des restes de cigares qu'ils ont ramassés dans les rues, sans s'inquiéter des bouches quelquefois impures d'où ils sont sortis. Voilà le premier pas fait dans une voie où ils se repentiront un jour de s'être engagés, au préjudice de leur bourse , de leur santé et de leur intelligence.

Que de gens, qui n'ont pas de pain, ont contracté l'habitude du tabac ! Combien de fumeurs ont vu leurs lèvres dévorées par un affreux cancer résultant de cette mauvaise habitude ! Enfin, combien aussi ont vu le niveau de leur intelligence baisser depuis qu'ils ont pris cette habitude !

Un médecin, chargé depuis plus de 25 ans de donner ses soins aux élèves de l'école polytechnique, a remarqué que les moins intelligents étaient ceux qui fumaient. « Quand j'ai fumé ma pipe, me disait un jour un de mes clients campagnards, je ne suis plus en état de faire un compte. »

tion. Il est temps par conséquent de diminuer le nombre des cabarets qui en sont les causes occasionnelles. Ajoutons encore qu'aux dernières assises de 1874, dont j'ai fait partie, quatorze affaires sur dix-sept avaient l'ivresse pour cause.

Terminons par quelques exemples propres à faire aimer les animaux domestiques. Ce sera peut-être le meilleur moyen de leur épargner les mauvais traitements dont ils sont journellement l'objet, car on ne brutalise pas ceux qu'on aime, quand on a tout son bon sens. « Jugez toujours favorablement un homme qui aime son chien et son cheval, dit Balzac. »

Il y a quelques années, j'ai été contraint de me séparer, bien à regret, d'un cheval que j'avais depuis 20 ans. Un jour que ma domestique, qui l'aimait et que le cheval payait de retour, était en train de le brosser, elle glissa et tomba sous son ventre. La pauvre bête se tourna aussitôt vers elle en poussant de doux hennissements et en cherchant à la relever en saisissant ses jupes avec les dents. Une fois debout, cette fille fut l'objet de toutes les manifestations les plus caressantes de la part du cheval, au point qu'un ancien gendarme, son palefrenier, qui était présent, me parut tout émotionné comme ma domestique de la scène d'attendrissement dont il venait d'être témoin.

Le vétérinaire en chef d'un régiment en garnison à Nancy m'a rapporté le fait suivant :

Le domestique du colonel de ce régiment devint malade d'une affection qui dura longtemps. Il fut remplacé dans les soins qu'il donnait aux chevaux du colonel par un soldat qui n'avait pas pour ces animaux toute la douceur, toute la tendresse que le premier leur prodiguait,

Bientôt l'un des chevaux ne mangea plus, maigrit et tomba malade à son tour. L'affection fut longue aussi, malgré le traitement le plus rationnel.

On ne vit la pauvre bête revenir à la santé que lorsque le premier domestique s'en vint, après guérison, reprendre le service qu'il faisait depuis plusieurs années près de ces animaux, ce qui fut sensible pour tout le monde.

Moyen simple et économique de préserver les chevaux d'être tourmentés, piqués et martyrisés, surtout lorsqu'ils sont en repos, par M. Perret, pharmacien-chimiste à Moret.

C'est tout simplement de les frotter avec un peu d'huile concrète de laurier, dont l'odeur est souverainement antipathique aux mouches.

Faites surtout ces onctions dans les endroits où les mouches piquent de préférence.

Avec cinq centimes de cette huile, un cheval peut être suffisamment recouvert pour trois jours. Son emploi n'offre aucun danger; bien plus, son action, légèrement excitante, est très-favorable aux chevaux et conserve la beauté de leur poil.

On peut remplacer ce moyen par une solution de 60 grammes d'assa-fœtida dans un verre de vinaigre et deux verres d'eau.

Si les animaux ont de la colère et de la haine, pourquoi n'auraient-ils pas de l'affection ?

La vache, qui nous nourrit de sa chair et de son lait, s'habitue aux personnes qui la soignent, les caresse même à sa manière, en cherchant à les lécher, et quand une main étrangère veut la traire, elle retient son lait, suivant l'expression admise.

De tous les animaux, le chien est sans contredit le plus fidèle, le plus dévoué et le plus affectionné à l'homme. Ajoutons qu'il est aussi le plus reconnaissant.

Un chien avait un os arrêté dans la gorge; il suffoquait, lorsqu'un passant s'approche, et, plongeant sa main dans la gueule de l'animal, parvient à le délivrer de ce corps étranger. A quelque temps de là, le chien rencontre le même homme, auquel il doit la vie; il le reconnaît aussitôt, court à lui, pousse des cris de joie et l'accable des plus vives caresses. Devenu importun, par l'excès même de sa reconnaissance, il fut obligé de se modérer; mais on le vit longtemps suivre de l'œil son sauveur, en poussant des gémissements, qui tenaient tout à la fois du plaisir de l'avoir vu et du regret de le voir si peu.

M. le professeur Fée, de Strasbourg, a rapporté en 1867 l'observation d'une chienne nommée Marette, qui avertissait sa maîtresse devenue sourde, lorsqu'on sonnait à sa porte, en tirant son jupon.

Quand cette dame allait à la promenade, Marette la suivait et l'avertissait de la même manière de l'approche des voitures.

Un marchand de vin de la rue du Petit-Musc, M. B..., venait d'ouvrir sa boutique le matin, et il était descendu à sa cave lorsque les aboiements de son chien attirent son attention. Il remonte, ne voit personne, mais l'animal bondit sur le comptoir et, avec sa patte, gratte à l'endroit du tiroir que M. B... ouvre aussitôt. Il s'aperçoit qu'une petite cassette contenant sa recette de la veille avait disparu.

Le chien sort dans la rue, et regardant intelligemment son maître comme pour lui faire signe de le suivre, il prend sa course et s'arrête bientôt aboyant autour de deux individus qui cheminent tranquillement à une certaine distance de la boutique.

Ce sont sans doute les voleurs, pense le marchand de vin, et il se dirige vers eux avec un passant qu'il prie de lui prêter main-forte et qui se trouvait précisément être un agent de police en bourgeois.

A leur approche les deux individus fuient : l'un est rattrapé, l'autre disparaît au détour d'une rue. Le chien excité par son maître qui lui crie :

« cherche! » entre dans cette rue, s'arrête et aboie devant l'allée d'une maison dont la porte est ouverte.

Tandis que M. B..., assisté de deux autres personnes, garde à vue le premier voleur, l'agent monte dans la maison, guidé par le chien, et il découvre et capture le second malfaiteur blotti sur le palier du deuxième étage.

J'ai lu, il y a quelques mois, qu'un homme, en état d'ivresse, s'était endormi sur les rails d'une voie ferrée. Son chien avait beau faire entendre des aboiements extraordinaires et répétés, l'ivrogne ne se réveillait point.

Tout à coup le pauvre animal, dont l'inquiétude était manifeste, aperçoit le convoi prêt à passer sur le corps de son maître. Ne pouvant parvenir à le réveiller, il le saisit par ses vêtements et l'entraîne hors de la voie. L'ivrogne était sauvé, mais la pauvre bête fut broyée elle-même, tant elle avait pris plus souci du salut de son maître que du sien.

Le capitaine B... avait un chien du nom de Loulou qui ne le quittait jamais. Lorsque le régiment était en marche et que le capitaine avait pris possession de son logement, il disait à Loulou : « regarde bien cette maison et ne manque pas de t'en souvenir et de m'y ramener. »

Le chien n'oubliait jamais de se le rappeler et de se conformer aux ordres de son maître.

Après son repas, B... revenait se coucher et disait à Loulou : « quand cette pendule sonnera trois heures, éveille-moi. » L'heure avait à peine retenti que l'intelligent animal s'empressait de réveiller son maître en lui léchant la main, et en lui grattant les jambes avec ses pattes.

Paris-Journal a rapporté dans ses colonnes le fait suivant qui prouve à la fois, et l'intelligence du chien et son dévouement à l'homme.

« Un magnifique terre-neuve, paraissant plongé dans une de ces somnolences méditatives qui font qu'on se demande si chez certains chiens l'instinct n'est pas doublé de réflexion, contemplait, avec l'impassibilité distinctive de la race animale, le mouvement animé de la rue de la Chapelle.

Passe un lourd camion entraîné au grand trot, malgré son poids énorme, par un vigoureux percheron.

Un bébé de trois ans, aventuré sur la voie publique, inconscient du danger qu'il pouvait courir, allait être broyé sous les roues du colosse roulant.

Un cri d'effroi s'échappe de toutes les poitrines oppressées.

La mère défaillante ferme les yeux. Comment sauver l'enfant? il est trop tard. En vain le cocher veut-il retenir son cheval poussé par la vitesse acquise du véhicule.

Plus prompt que la pensée, le brave chien s'élance d'un bond immense, happe au vol le petit être de sa gueule énorme, passe comme une flèche sous la voiture, entre les quatre roues, et dépose sain et sauf sur le trottoir opposé le pauvre enfant, quelque peu surpris d'une gymnastique si nouvelle.

Nous laissons à penser les cris de joie qui accueillirent ce merveilleux sauvetage. »

Le chien, ce véritable ami de l'homme, ne saurait donc être considéré comme une simple machine. C'est surtout dans la classe indigente qu'on sent tout le prix de ce fidèle compagnon, et qu'on apprécie ses éminentes qualités.

« Dans les nombreuses visites, dit le docteur Descuret, que j'ai faites pendant 26 ans aux indigents du 12ᵉ arrondissement, j'ai maintes fois remarqué que les plus malheureux partageaient encore leur pain et leur foyer avec un chien dont les caresses affectueuses les payaient largement de retour, et bien des personnes ont pu voir, comme moi, ce véritable ami du pauvre et de l'aveugle passer des journées entières sur la tombe délaissée de son maître.

Il y a quelques années, un ancien négociant, qui avait essuyé de grands revers de fortune, m'a avoué, dans la mansarde où il vivait seul avec son chien, que, sans la société et les caresses de ce fidèle animal, le désespoir l'eût probablement porté à abréger ses jours. Depuis, j'ai fait la remarque curieuse que le plus grand nombre des célibataires dont j'ai constaté le suicide n'avaient avec eux aucun animal domestique qui eût pu les distraire ou les consoler. » (*La Médecine des passions*, par le docteur Descuret.)

Ces exemples, auxquels il serait si facile d'en ajouter d'autres, prouvent suffisamment les services que nous rendent les animaux et l'attachement dont un certain nombre sont susceptibles.

Que ceux auxquels cet opuscule est destiné comprennent donc qu'ils ont intérêt à les traiter comme de bons et utiles serviteurs, crés par Dieu pour être les compagnons de leurs travaux, les gardiens vigilants de leurs maisons, de leurs troupeaux, de leurs récoltes. Qu'ils sachent qu'ils sont bien souvent les seuls amis fidèles dans l'adversité !

Un temps viendra peut-être où tes riantes joies,
Enfant, se changeront en amère douleur ;
Où tu ne verras plus, empressés sur tes voies,
Ces amis qu'attirait l'aimant de ton bonheur.

De ton foyer désert la bonne sentinelle,
Assise à tes côtés, caressera ta main.
Aime donc, mon enfant, le compagnon fidèle
Que n'éloigne jamais un malheureux destin.

Parmi les animaux dont Dieu peupla la terre,
Aime par-dessus tout tes meilleurs serviteurs ;

Prodigue leur tes soins, pour eux sois comme un père; (1)
Ne les accable pas sous l'excès des labeurs.

Ton âme, ainsi formée à la mansuétude,
S'ouvrira sympathique à tous les malheureux (2) ;
Sans effort tu prendras la touchante habitude
De faire autour de toi du bien et des heureux.

On bénira ton nom, on dira tes louanges,
De tes parents chéris tu deviendras l'orgueil ;
Et, quand ton âme un jour s'en ira vers les anges,
Les regrets de la foule honoreront ton deuil.

En son âme déjà l'on goûte sur la terre
Un doux contentement du bien que l'on a fait ;
Oui, quand il est donné d'alléger la misère
Et de tarir des pleurs, le cœur est satisfait.

Mais ne compte jamais que la reconnaissance
Toujours sera le fruit de tes soins généreux.
Enfant, ne sais-tu pas que de la Providence,
Les bienfaits, tous les jours, nous trouvent oublieux ?...

(1) Il ne suffit pas de traiter les animaux domestiques avec douceur, il importe plus qu'on ne croit de les loger sainement, de les laver, de les étriller tous les jours, de nettoyer leurs écuries, d'en renouveler l'air, de leur donner une nourriture convenable et proportionnée à leur âge et à leurs travaux. Il importe à leur santé qu'ils fassent de fréquents exercices, les chevaux principalement.

En 1801, un nommé L...., cultivateur à Savigny, perdit 13 vaches de son écurie. Cette mortalité était survenue à la suite d'un été si chaud et si sec que la terre offrait partout de larges et profondes crevasses.

Pour ne pas exposer ses vaches à se fracturer les membres, L... les retint longtemps confinées dans ses écuries étroites et insalubres. De là, la maladie qui les enleva.

Que les cultivateurs n'oublient donc point qu'une des conditions essentielles à la santé de leurs animaux domestiques, comme à la leur, est une habitation saine.

(2) L'enfant qui souffre et s'indigne en voyant maltraiter les animaux, dit Franklin, sera bon et généreux envers les hommes.

A MM. LES INSTITUTEURS VOSGIENS

Vitam impendere utili.
Employer sa vie à se rendre utile.

Voici venir bientôt la saison de ces insectes ravageurs désignés sous les noms de hannetons et de mans ou vers blancs, qui sont leurs larves. Chacun de vous connaît leurs déprédations annuelles, les sacrifices que se sont imposés les cités et les communes rurales pour diminuer le nombre de ces dévorants.

Ce genre d'insectes coléoptères (1) renferme plus de cent cinquante espèces vivant toutes aux dépens des racines des plantes, à l'état de larves, et aux dépens de leurs feuilles sous celui d'insectes parfaits, et par conséquent, nuisant beaucoup aux cultivateurs. La plus importante à connaître est le hanneton vulgaire, *(Melolontha vulgaris)* très-commun en France et dans le reste de l'Europe.

C'est dans la terre, au fond d'un trou de trois décimètres de profondeur, creusé par les femelles à l'aide de leurs pattes antérieures, que sont déposés les œufs. De ces œufs naissent les vers blancs. Ces vers restent quatre années en terre, et pendant cette longue période, ils dévorent les racines des plantes et des arbres qui sont à leur portée et qu'ils savent même aller chercher fort loin. Au mois d'avril ou de mai, quinze jours plus tôt ou plus tard, selon la température et le climat, les *hannetons* sortent de terre à l'état d'insectes

(1) Coléoptères : du grec Koleos, enveloppe, étui, et Pteron, aile.

parfaits. Ces insectes ne semblent éclore que pour se reproduire, car leur existence à la lumière ne dure guère que huit jours ; le mâle meurt aussitôt après avoir fécondé la femelle, et celle-ci ne tarde pas à déposer ses œufs et à mourir elle-même. Mais si courte que soit leur existence, elle suffit pour nuire beaucoup aux plantes. Leur nombre est quelquefois si considérable, qu'ils dépouillent en peu de temps tout un bois.

J'ai lu dans la gazette des campagnes, n° du 26 décembre 1868, qu'un cultivateur de Saint-Aubin-sur-Alyot (Calvados) voyait dépérir tous ses arbres à cidre. Ce fait ne lui était pas particulier, car, en Normandie, et dans les arrondissements de Lisieux et de Pont-l'Évêque surtout, les pommiers mouraient en très-grand nombre. C'étaient les plus beaux arbres des vergers, ceux de 25 à 30 ans qui étaient le plus impitoyablement frappés. On comprendra le dommage causé par ce fléau inconnu, quand on saura que le pommier n'est en plein rapport dans ces contrées qu'à trente ans, et qu'il exige des soins de culture infinis pour arriver à cet âge.

M. C. Guerrier, c'est le nom de ce cultivateur, rechercha la cause de ces désastres ; il fit déraciner un certain nombre d'arbres frappés par le mal, et acquit bientôt la conviction qu'on ne pouvait le rapporter qu'aux vers blancs qui avaient dévoré les racines.

Personne n'ignore que la pomme de terre, ce pain du pauvre, comme on l'a appelée si justement, est souvent détruite, dans nos Vosges, par le même insecte.

Mais quel est le moyen de s'en débarrasser ?

Le gouvernement déchu s'en est occupé et M. le Ministre de l'Agriculture s'est renseigné près des sociétés savantes qui pouvaient lui venir en aide. Consulté sur ce point par la commission d'agricullure de la société d'Emulation des Vosges, voici ma réponse.

« La question du hanetonnage ne me paraît pas susceptible d'être réglementée aisément pour les raisons suivantes : 1° Parce qu'à l'état de coléoptères, ces insectes volent d'un arbre sur un autre, de sorte que celui qui en aura été purgé la veille pourra en être infesté le lendemain ; 2° parce que je n'entrevois point comment il serait possible d'en débarrasser les noyers, les peupliers et les chênes élevés de nos forêts.

On a bien conseillé de promener sous les arbres, lorsque ces insectes sont en repos, des mèches soufrées, entourées de poix résine et d'une légère couche de cire. La fumée de ces flambeaux les suffoque, et il suffit de quelques légères secousses pour les faire tomber. Mais ce moyen ne me paraît guère praticable sur une grande échelle.

A l'état de mans ou vers blancs, la destruction de ces insectes me paraît plus difficile encore. Je connais bien quelques cultivateurs dont les chiens suivent la charrue et mangent les vers blancs qu'elle a mis à découvert, mais ces chiens font exception, et je ne crois pas qu'il soit possible de diminuer beaucoup de cette manière le nombre de ces ennemis souterrains d'une foule de produits agricoles. Ce n'est qu'au printemps d'ailleurs que ces larves ne sont pas enfoncées profondément sous terre.

Voici, à mon avis, ce qu'il y a de mieux à faire :

1° Signaler dans les livres et dans les conférences les ravages annuels causés par ces insectes sous leur double état de hannetons et de vers blancs :

2° Faire connaître que les oiseaux, dont on continue à détruire si aveuglément les nids, sont les gardiens les plus vigilants des récoltes et des troupeaux ; que les moineaux, les pies, les corbeaux, les engoulevents, les oiseaux de nuit se nourrissent de ces insectes ravageurs ; que la taupe, qui a été si justement réhabilitée dans les prairies, dont elle met les éléments en communication avec l'air atmosphérique, fait aussi sa nourriture des vers blancs, et qu'il convient de la réhabiliter également dans nos jardins où le mal qu'elle fait est bien inférieur à celui qu'elle empêche; prouver enfin à ceux qui l'ignorent qu'on ne trouble jamais en vain l'équilibre que Dieu a établi dans la nature, et que la guerre faite aux oiseaux et aux taupes est très-probablement la cause ou l'une des causes qui nous ont valu tant d'insectes nuisibles.

3° Montrer ensuite le parti qu'on peut tirer des hannetons comme aliment des poules (1) et de certains poissons ; comme engrais très-riche et très-puissant, lorsqu'on les a mélangés avec de la chaux (2).

4° Montrer aux enfants, qui aiment tant à peindre, à barbouiller plutôt, qu'on peut en tirer sans frais une couleur riche, très-variée dans ses nuances, propre à l'aquarelle, plus belle et plus solide que la plupart de celles employées aujourd'hui dans cet art, ainsi que cela résulte des expériences nombreuses que j'en ai faites, et dont j'ai entretenu précédemment la Société d'Émulation. »

Telle a été ma réponse aux questions qui m'étaient adressées.

Voici maintenant comment je suis arrivé a la découverte de cette couleur.

En juin 1867, on me fit remarquer sur le devant de ma chemise et sur un pantalon de coutil gris

---

(1) Tant que dureront les hannetons, j'engage à les donner en pâture aux poules, ainsi que je l'ai fait moi-même depuis quelques années. On en obtiendra un plus grand nombre d'œufs.

Les canards aussi aiment beaucoup ces insectes, et dès que j'en donnais aux miens, ils abandonnaient toute autre nourriture pour s'en repaître avec avidité.

(2) Le hanneton contient à l'état de larve 1,60 et à l'état d'insecte parfait 3,12 d'azote. M. Claudel, instituteur à Chamagne, se loue beaucoup de l'emploi des hannetons comme engrais.

des taches que les eaux limpides de notre Moselle n'enlevaient que difficilement.

Quelle avait été leur cause? Je ne m'en rendis point compte d'abord ; mais après y avoir réfléchi, je soupçonnai que ces taches pouvaient provenir des hannetons que je m'amusais à jeter aux poissons de mon réservoir et parmi lesquels j'ai des vilains ou meûniers qui en sont très-friands.

Comme quelques-uns de ces insectes parvenaient à se soustraire à la voracité de mes poissons, j'imaginai de les décapiter. Il exsudait sur mes doigts, de la partie décollée, une matière noirâtre, épaisse, que je recueillis sur une carte de visite et que je comparai avec celle qui avait maculé mes vêtements. Je trouvai ces taches identiques. Mais, le 7 juin 1867, je ne pus recueillir qu'un hanneton, et je renvoyai à l'année suivante les expériences que je me proposais de faire avec cette matière colorante.

Dès que ces insectes parurent du 15 au 20 avril 1868, j'eus hâte de répéter ces expériences que les sujets, si nombreux cette année, favorisèrent. D'abord je fus singulièrement désappointé en ne recueillant dans mes coquilles et sur verre, à cette époque, qu'une matière aqueuse et peu foncée. Je fus sur le point d'abandonner ces études. Mais, après réflexion, je les repris en me disant que, sans doute, la nature avait proportionné l'aliment à l'âge de ces insectes, et que des feuilles et des bourgeons naissants ne présentant encore qu'une sève aqueuse et une clorophylle (1) imparfaite, je ne pouvais obtenir une matière aussi colorée et aussi consistante

(1) Clorophylle, de Chlôros, vert, et Phullon feuille. Nom donné par MM. Pelletier et Caventou à la matière verte des feuilles. On l'obtient en lavant à grande eau le marc exprimé des feuilles, et en le traitant à froid par l'alcool concentré; la liqueur, filtrée et évaporée au bain-marie, fournit un produit vert qui, étant dépouillé par l'eau chaude d'une matière brune qu'il contient, présente la chlorophylle dans l'état de pureté. Elle est d'un vert très-foncé, d'un aspect résineux, presque insoluble dans l'eau froide, soluble dans l'eau chaude, très-soluble dans l'alcool, l'éther, l'acide sulfurique concentré et les huiles fines. Elle existe dans toutes les parties vertes des végétaux.

que celle que j'avais recueillie au mois de juin. C'est, en effet, ce dont je ne tardai pas à me convaincre, car, à mesure que la végétation progressait, j'obtenais de ces insectes décapités vivants un liquide plus riche et plus épais. Ceux qui sont morts n'en ont point.

J'observai bientôt aussi que cette substance variait d'aspect selon l'espèce de nourriture; que les hannetons pris sur charmille donnaient une matière d'un noir verdâtre; sur noyer, d'un vert d'olive; sur couetchier, d'un rouge acajou magnifique; sur mirabellier, d'un jaune rouge qui rappelait la couleur du fruit; sur la vigne, d'un brun marron; sur le marronnier, d'une couleur jaune-rouge; sur érable, d'une couleur noire très-foncée; sur peuplier commun, d'une couleur verte, etc., etc.

Enfin, je remarquai aussi que lorsque mes hannetons n'avaient pas suffisamment digéré leur nourriture, des granulations nombreuses, insolubles dans l'eau, constituées par la chlorophylle mal élaborée, apparaissaient sur mon pinceau et sur mon papier. Pour parer à cet inconvénient, je ne décapitai mes hannetons que huit ou dix heures après leur repas, ce qui me réussit à merveille.

Bientôt je songeai à utiliser cette matière colorante dans l'aquarelle, et M. Préclaire, professeur de dessin à Charmes, me fit plusieurs paysages qui furent trouvés fort jolis par des connaisseurs. Deux de ces paysages, représentant Cornimont (Vosges), sa rivière et ses montagnes, furent offerts à l'empereur qui était à Plombières. Sa Majesté daigna les accepter et les envoya au musée de Fontainebleau.

Quelques essais de peinture sur bois réussirent également, et je possède plusieurs petits tableaux sur

______

(1) Cette matière colorante devra être plus belle encore chez les hannetons vivant aux dépens des arbres qui croissent dans les pays méridionaux. J'ai remarqué que ceux que je recueillais sur les arbres les mieux exposés fournissaient une substance plus riche.

sapin, frêne et buis qui, depuis plus de trois ans, n'ont pas subi la moindre altération.

J'en dirai autant de toutes les épreuves que j'ai faites sur papier ordinaire, cartes de visite et papier de dessin.

Feu M. Nicklès, professeur de chimie à la faculté des sciences de Nancy, envisageait cette matière comme étant plus solide et plus durable que les couleurs usuelles de l'aquarelle qui ne tardent point à s'altérer sous l'action de la lumière, pour la plupart du moins. L'opinion du savant professeur était basée sur l'expérience suivante ; moitié d'un tableau fait par lui fut laissée à découvert, tandis que l'autre moitié fut recouverte d'un carton épais. La première reçut, pendant environ six mois, l'influence solaire toutes les fois que cet astre était à l'horizon. Hé bien ! après ce long espace de temps, il n'existait aucune différence entre les deux parties du tableau.

M. Préclaire a fait la même remarque et partage l'avis suivant de M. Chatelain, architecte diocésain du département de la Meurthe, qui a bien voulu faire aussi l'essai de ma substance colorante.

Voici ce que m'écrivait cet architecte distingué à la date du 17 octobre 1868.

« Il résulte des essais et observations que j'ai faits sur l'emploi comme couleur de la matière qui exsude du hanneton décollé, que cette substance peut s'employer pour les usages suivants :

1° Dans les dessins et lavis monochromes, comme on le fait avec l'encre de chine, la sépia, le bistre, etc.

La teinte en est agréable et chaude ; les lavis, faits sur bon papier et à plein pinceau, conservent toute leur fraîcheur.

2° Par mélange avec diverses couleurs d'aquarelle, telles que le bleu de Cobalt, on obtient des verts froids et ternes qui peuvent être employés en certains cas.

*

Avec le carmin ,
Le jaune indien,
Le même orange ,
La Sépia.

Enfin, avec les couleurs de la gomme gutte on obtient des rouges jaunes et bruns, des nuances très-variées qui peuvent tenir leur place dans la palette de l'aquarelliste.

En général, les peintures à l'aquarelle s'affaiblissent plus ou moins, selon qu'on a employé des couleurs végétales ou minérales.

Les premières sont proscrites autant que possible, à l'exception du jaune indien dont on ne peut guère se passer.

J'ai le projet de faire, à titre d'expérience, un lavis dont une partie sera exposée à la lumière, et l'autre cachée par un carton épais pendant plusieurs mois.

S'il y a altération dans la partie découverte, elle sera très-appréciable à l'œil.

Si la nuance primitive résiste, c'est que la couleur est solide et durable.

La matière étant *d'origine végétale*, il est à craindre qu'elle ne subisse les effets qui altèrent les couleurs végétales , et surtout celles qui ne sont pas préparées au miel.

Je désire le contraire , car j'ai trouvé cette couleur très-agréable à employer, soit pure, soit mélangée.

Je vous ferai part des observations que je serai en siuation de recueillir. »

Telle est, fidèlement copiée, la lettre de M. Chatelain (1).

Vous savez déjà, Messieurs, que si M. Chatelain n'a pas fait encore cette dernière expérience, MM. Préclaire , Niklès et moi l'avons faite, et que

(1) Après un an d'expérience , M. Chatelain m'a écrit que ma couleur était solide , qu'elle avait supporté, sans subir d'altération , l'influence du soleil , ce qui n'avait pas eu lieu pour la sépia, le carmin , etc.

nous sommes unanimes dans l'opinion qui a trait
à la solidité de cette matière colorante.

J'ajoute que lorsque la matière hannetonique est
en couches épaisses, elle présente un lustre sem-
blable à celui qui résulterait de l'application d'un
vernis.

Ajoutons encore que cette matière qui n'est ni acide,
ni alcaline, ainsi que cela résulte des expériences
de M. Charles Luxer, chimiste en cette ville, est
très-soluble dans l'eau, mais qu'elle ne l'est point
dans l'alcool, l'éther, la glycérine, l'huile de pavot,
l'eau saturée d'alun, l'acide phénique, ainsi que
je l'ai expérimenté moi-même; qu'un ou deux hannetons suffisent à composer un petit paysage; que
cette substance, recueillie sur verre ou dans des
coquilles (1), se garde parfaitement; enfin que
l'odeur faible qu'elle exhale n'est nullement incom-
mode, dangereuse, et de nature à s'opposer à son
usage.

Voilà, Messieurs, la matière colorante que j'ai
cru devoir signaler à votre attention et que je vous
engage à recueillir et à faire recueillir par vos
élèves.

Rappelez-vous que plus la végétation sera avan-
cée, plus la substance sera riche (2).

Sachez encore que pour éviter la brusque sortie
de petits corps graisseux de l'endroit décollé, il
convient de n'exercer que des pressione légères sur
le corps de l'insecte. Autrement, on en ferait sortir
aussi des œufs qui donneraient naissance aux vers
blancs, lesquels vivraient au détriment de la matière
colorante et la réduiraient en poussière.

---

(1) Cette substance desséchée et conservée dans de petits pots se présente
sous la forme d'écailles plus ou moins épaisses, cassantes, lustrées, d'une
couleur brune, ou noire, plus ou moins foncée, très-soluble dans l'eau,
d'une odeur sui generis.

(2) M. Nicklès a trouvé ma couleur terne, parce que je lui avais envoyé
par mégarde la matière que j'avais recueillie sur les hannetons qui ont paru
au commencement de mai ou fin d'avril 1868.

Outre l'avantage de diminuer le nombre des hannetons et de leurs larves, il en résultera pour vos élèves et pour vous-mêmes le moyen simple, économique, de composer des paysages, de peindre des animaux, des fleurs, de colorier des cartes géographiques, en un mot, de vous procurer sans frais, au sein de nos villages, les plus belles et les plus heureuses distractions. Peut-être en résultera-t-il aussi cet autre avantage de révéler, chez ceux qui vous sont confiés, des vocations qui, sans cela, seraient demeurées latentes. Un pinceau d'une valeur de cinq centimes, quelques feuilles de bon papier de dessin ou des cartes de visite, voilà tous les sacrifices que vous inviterez les parents à s'imposer dans l'intérêt de leurs enfants.

Peut-être ferez-vous surgir un jour de nouveaux Gelées (1), des plus obscurs hameaux, et je m'applaudirai d'y avoir un peu contribué.

Mon intention était de borner là cette lettre, déjà si longue. Mais la question de priorité pouvant un jour ou l'autre se présenter à vos esprits, j'ai cru devoir rappeler en quelques lignes les faits et les dates qui sont relatifs à cette modeste découverte.

Depuis 12 ou 15 jours, la Société d'Émulation des Vosges était instruite de mes expériences, quand je lus dans le Moniteur universel du soir n° du 22 mai 1868, qu'un chimiste, nommé M. Jouglet, venait d'obtenir du hanneton une matière colorante variant du jaune de chrome au jaune d'or.

En février 1869, je lus dans un autre journal que M. Jouglet employait cette matière à teindre la soie, et que M. Ch. Mène, dans une conférence faite au palais de l'industrie, lors de l'exposition des insectes, a montré des teintures sur soie provenant de cette substance, et qu'elles ont fait l'admi-

(1) Claude Gelée, dit le Lorrain, peintre paysagiste célèbre, né à Chamagne, près Charmes, en 1600, mort à Rome en 1682.

ration des assistants Quel a été le procédé employé? M. Jouglet opère-t-il avec le hanneton comme on opère avec la cochenille dont la décoction mélangée avec la solution nitro-muriatique d'étain donne l'écarlate? Je l'ignore. Tout ce que je puis dire ici, c'est que je n'ai pas connu ces expériences auparavant; c'est que, le 7 juin 1867, j'avais découvert cette substance colorante en jetant des hannetons décapités aux poissons de mon vivier, et que je suis en situation d'en fournir la preuve certaine; c'est que, dès ce moment, j'ai songé à utiliser cette couleur dans l'art de l'aquarelle; c'est qu'au lieu d'une couleur jaune, j'ai prouvé qu'on peut obtenir de ces insectes des nuances aussi nombreuses et aussi variées que les espèces d'arbres auxquels ils s'attaquent.

Loin de moi de déprécier les travaux de **M. Jouglet** ! Ce chimiste utilise les hannetons dans la teinture, et moi dans l'art de l'aquarelle; nos procédés diffèrent sans doute comme les résultats que nous obtenons l'un et l'autre : *Suum cuique*, à chacun ce qui lui appartient.

Puissions-nous concourir tous les deux au progrès de l'art et à la diminution des hannetons !

Agréez, Messieurs, l'assurance de mes sentiments distingués.

A. CHEVREUSE.

Voici le résultat d'une expérience intéressante que nous trouvons consignée dans la Vie des champs :

Une fosse de 5 mètres 500 carrés de superficie et de 1 mètre de profondeur a été creusée dans le jardin d'une société pomologique. Le fond de la fosse et ses quatre faces latérales ont été tapissés de planches se joignant exactement ensemble afin d'interrompre toute communication du dehors avec l'intérieur de la fosse. Celle-ci fut alors remplie avec la terre qui avait été retirée. On a obtenu ainsi une caisse dont les bords dépassent de 35 centimètres le niveau du jardin. Diverses broussailles et autres plantes furent mises dans la caisse, afin de procurer au sol de l'ombrage et aux insectes des racines. Ces préparations étant terminées, on mit dans la caisse 140 vers blancs et autant de lombrics. Tous s'enfoncèrent aussitôt dans la sol. Quelque temps après, lorsqu'il était présumable que les vers blancs et les lombrics s'occupaient à chercher leur nourriture, on mit une taupe dans la caisse. Celle-ci pénétra à son tour dans le sol. 34 heures après, on fit passer par un crible, assez fin pour retirer les vers blancs et les lombrics, toute la terre contenue dans la caisse; on ne trouva plus que 17 vers blancs, dont 2 à moitié dévorés, et un seul lombric. Ce court espace de temps avait donc suffi à la taupe pour trouver et pour dévorer 123 vers blancs et presque tous les lombrics. Ce résultat est tellement démonstratif qu'il n'a pas besoin de commentaires.

Des habitants notables de Monthureux-le-Sec, de Bouxurulles et de Batexey (Vosges) m'ont attesté que depuis qu'on a détruit les taupes dans leurs prairies, on y voit de longs espaces où l'herbe ne croît plus. C'est que les vers blancs s'y sont trop multipliés.

Et nunc intelligite et erudimini, agricolæ : maintenant, laboureurs, comprenez et soyez instruits !...

J'avais à peine écrit ces dernières lignes, que je vis entrer dans mon cabinet M. Clément Thomas, arboriculteur distingué de notre ville, qui a été primé plusieurs fois pour ses produits : « il y a 12 ou 15 ans, me dit-il, je perdais tous les pommiers que je plantais dans mon jardin sans pouvoir en découvrir la cause; plusieurs de nos meilleurs jardiniers interrogés sur ce sujet ne me répondirent point de façon à me satisfaire.

Comme j'avais de nombreux vers blancs qui dévoraient mes fraisiers, je m'avisai de mettre deux taupes dans mon jardin dont la contenance est de 15 ares. Quelques années après, mes fraisiers et mes pommiers se portaient à merveille et me donnaient des produits magnifiques. »

Dans un article récemment publié par le journal des campagnes, M. Gressent, horticulteur bien connu à Orléans, déclare qu'il possède un moyen certain de détruire les vers blancs. Ce moyen consiste dans l'emploi des déchets de laine.

« Partout où j'ai enfoui assez profondément des déchets de laine, écrit M. Gressent, je ne vois plus de vers blancs. Cette expérience se confirme depuis plus de quinze ans et je la continue toujours avec le même succès. »

Veut-on encore une dernière preuve de la nécessité de détruire ces insectes ravageurs ?

La voici :

J'ai lu dans Paris-Journal, n° 18 mai 1873, ce qui suit :

« Si le bois de Boulogne résiste à tous les fléaux qui l'ont successivement atteint depuis tantôt trois ans, il pourra se vanter d'avoir la vie dure.

La guerre lui a abattu ses plus beaux arbres.

La commune l'a dévasté.

L'administration municipale actuelle lui retranche, entre Auteuil et Boulogne, un dixième au moins de sa superficie totale.

Les lapins lui ont dévoré, pendant deux ans, toutes ses jeunes tailles.

Voici maintenant que des vers blancs par milliers et par millions rongent par les racines des cantons entiers et élèvent leurs ravages à la hauteur d'une vraie calamité.

M. Alphand et ses ingénieurs y perdent leur algèbre et ne savent plus quel remède employer pour sauver leur beau parc qui s'en va par morceau, mangé par de futurs hannetons. »

J'ai lu dernièrement qu'un arboriculteur avait détruit beaucoup de hannetons de la manière suivante : au fond d'un tonneau défoncé à une de ses extrémités, et dont l'extérieur avait été enduit de goudron sur toutes ses parois, il avait placé une lampe à alcool ou à pétrole. Les hannetons, attirés par la lumière, sont venus voltiger tout autour, et comme les oiseaux à la pipée, leurs ailes ont été engluées par le goudron.

9 7 8 2 0 1 4 0 9 5 1 1 1